国家级职业教育规划教材
对接世界技能大赛技术标准创新系列教材
全国技工院校工业机械自动化装调专业教材

焊接加工

人力资源社会保障部教材办公室　组织编写

中国劳动社会保障出版社

内 容 简 介

本书为全国技工院校工业机械自动化装调专业教材。主要内容包括焊接基础知识、二氧化碳气体保护焊、手工钨极氩弧焊、焊条电弧焊，同时在每个模块后面附有世界技能大赛普及知识。

图书在版编目（CIP）数据

焊接加工 / 人力资源社会保障部教材办公室组织编写 . -- 北京：中国劳动社会保障出版社，2021

对接世界技能大赛技术标准创新系列教材　全国技工院校工业机械自动化装调专业教材

ISBN 978-7-5167-4885-5

Ⅰ. ①焊…　Ⅱ. ①人…　Ⅲ. ①焊接工艺 – 技工学校 – 教材　Ⅳ. ①TG44

中国版本图书馆 CIP 数据核字（2021）第 122546 号

中国劳动社会保障出版社出版发行

（北京市惠新东街 1 号　邮政编码：100029）

*

北京市艺辉印刷有限公司印刷装订　新华书店经销

787 毫米 ×1092 毫米　16 开本　13.5 印张　220 千字

2021 年 8 月第 1 版　2025 年 8 月第 3 次印刷

定价：27.00 元

营销中心电话：400-606-6496

出版社网址：http://www.class.com.cn

http://jg.class.com.cn

对接世界技能大赛技术标准创新系列教材

编审委员会

主　任：刘　康

副主任：张　斌　王晓君　刘新昌　冯　政

委　员：王　飞　翟　涛　杨　奕　张　伟　赵庆鹏
　　　　姜华平　杜庚星　王鸿飞

工业机械自动化装调专业课程改革工作小组

课 改 校：江苏省常州技师学院
　　　　　淄博市技师学院
　　　　　徐州工程机械技师学院
　　　　　成都市技师学院
　　　　　广西机电技师学院
　　　　　金华市技师学院
　　　　　新昌技师学院

技术指导：宋军民

编　　辑：姜华平

本书编审人员

主　编：胡新德

参　编：黄达辉　梁伟光　唐　豪　韦柳毅　陆　斌　陈小刚

主　审：徐　伟　付炜亮

序

世界技能大赛由世界技能组织每两年举办一届，是迄今全球地位最高、规模最大、影响力最广的职业技能竞赛，被誉为“世界技能奥林匹克”。我国于 2010 年加入世界技能组织，先后参加了五届世界技能大赛，累计取得 36 金、29 银、20 铜和 58 个优胜奖的优异成绩。第 46 届世界技能大赛将在我国上海举办。2019 年 9 月，习近平总书记对我国选手在第 45 届世界技能大赛上取得佳绩作出重要指示，并强调，劳动者素质对一个国家、一个民族发展至关重要。技术工人队伍是支撑中国制造、中国创造的重要基础，对推动经济高质量发展具有重要作用。要健全技能人才培养、使用、评价、激励制度，大力发展技工教育，大规模开展职业技能培训，加快培养大批高素质劳动者和技术技能人才。要在全社会弘扬精益求精的工匠精神，激励广大青年走技能成才、技能报国之路。

为充分借鉴世界技能大赛先进理念、技术标准和评价体系，突出“高、精、尖、缺”导向，促进技工教育与世界先进标准接轨，完善我国技能人才培养模式，全面提升技能人才培养质量，人力资源社会保障部于 2019 年 4 月启动了世界技能大赛成果转化工作。根据成果转化工作方案，成立了由世界技能大赛中国集训基地、一体化课改学校，以及竞赛项目中国技术指导专家、企业专家、出版集团资深编辑组成的对接世界技能大赛技术标准深化专业课程改革工作小组，按照创新开发新专业、升级改造传统专业、深化一体化专业课程改革三种对接转化原则，以专业培养目标对接职业描述、专业课程对接世界技能标准、课程考核与评价对接评分方案等多种操作模式和路径，同时融入健康与安全、绿色与环保及可持续发展理念，开发与世界技能大赛项目对接的专业人才培养方案、教材及配套教学资源。首批对接 19 个世界技能大赛项目共 12 个专业的成果将于 2020—2021 年陆续出版，主要用于技工院校日常专业教学工作中，充分发挥世界技能大赛成果转化对技工院校技能人才的引领示范作用。在总结经验及调研的基础上选择新的对接项目，陆续启动第二批等世界技能大赛成果转化工作。

希望全国技工院校将对接世界技能大赛技术标准创新系列教材，作为深化专业课程建设、创新人才培养模式、提高人才培养质量的重要抓手，进一步推动教学改革，坚持高端引领，促进内涵发展，提升办学质量，为加快培养高水平的技能人才作出新的更大贡献！

2020 年 11 月

目 录

模块一 焊接基础知识

模块二 二氧化碳气体保护焊

模块三 手工钨极氩弧焊

模块四 焊条电弧焊

模块一

焊接基础知识

课题 1
焊接概述及安全知识

学习目标

1. 了解常用的焊接方法及分类。
2. 了解焊接结构的应用及特点。
3. 了解焊接安全知识。

一、焊接方法及分类

焊接是指通过加热或加压，或两者并用，用或不用填充材料，使焊件达到原子间结合的一种工艺方法。随着技术的进步，焊接技术发展非常快，在航空航天、石油化工机械、矿山机械、起重机械、建筑及国防等各工业部门中发挥重要的作用。焊接方法及分类如图 1-1-1 所示。

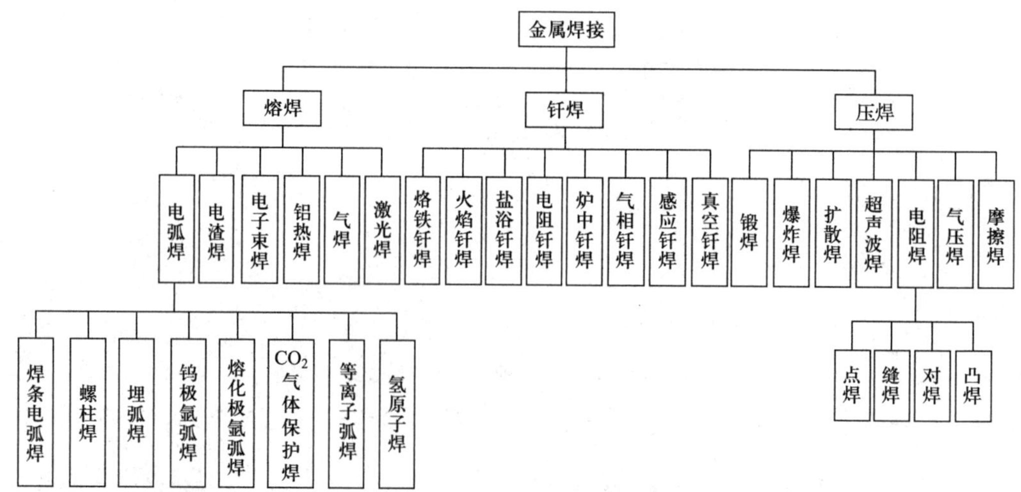

图 1-1-1 焊接方法及分类

1. 熔焊

熔焊是指在焊接过程中，将焊件接头加热至熔化状态，不加压而完成焊接的方法，如常见的焊条电弧焊、CO_2 气体保护焊、氩弧焊和气焊等。

2. 压焊

压焊是指在焊接过程中，必须对焊件施加压力（加热或不加热）以完成焊接的方法，如电阻点焊、缝焊和摩擦焊等。

3. 钎焊

采用比焊件熔点低的金属材料作为钎料，以搭接形式进行装配，把钎料放在装配间隙内或间隙附近，将焊件和钎料加热到高于钎料熔点、低于焊件熔点的温度，熔化后的液态钎料填充在装配间隙内，冷凝后与焊件结合成一体，这种焊接方法称为钎焊，如铬铁钎焊、火焰钎焊等。

二、焊接结构的应用及特点

1. 焊接结构的应用

在工业生产中采用的连接方法主要分为可拆连接和不可拆连接两大类。不可拆连接有铆接、焊接和粘接等几种方式，它们通常用于金属结构或零件的制造中。其中铆接应用最早，但它工序复杂，结构笨重，材料消耗也较大。粘接虽然工艺简单，但其接头强度一般较低，应用受到了限制。相反，焊接不但易于保证焊接结构强度的要求，而且相对来说工艺比较简单，加工成本也较低廉，因此，目前焊接广泛地应用于金属结构件的连接中。

据统计，我国每年有 35% ~ 45% 的钢材要经过焊接才能成为工业的最终产品。

2. 焊接结构的特点

（1）节省金属材料

与铆接结构相比较，因焊接结构有下列因素，所以可节省金属材料。

1）结构构件的工作截面可以充分利用。

2）结构和形状合理。

3）焊接结构的质量减轻。在焊接结构中，焊缝质量一般为制件质量的 1% ~ 2%；但在铆接结构中，铆钉质量为制件质量的 3.5% ~ 4%。例如，起重机采用焊接结构，其质量可以减轻 15% ~ 20%；建筑钢构件采用焊接结构，其质量可以减轻 10% ~ 20%。

（2）降低成本

焊接设备比铆接和铸造设备简单，价格也低。焊接结构工序少，所用工时少。

（3）焊缝的紧密度和气密性高

焊接结构具有一些用别的工艺方法难以达到的性能，如储气罐、锅炉、油罐车及轮船生产中要求的紧密度和气密性等。

三、焊接安全知识

焊工在焊接过程中要与电、可燃气体、易爆气体、压力容器等接触，焊接过程中还会产生一些有害气体、金属蒸气、烟尘、弧光辐射及焊接热源（如电弧、气体火焰）的高温等，如不注意遵守安全操作规程就很容易出事故，所以要加强防护，以避免安全事故的发生，主要防护项目如下：

1. 防触电

通过人体的电流大小取决于线路中的电压和人体的电阻。人体的电阻一般为 1 500 ~ 2 000 Ω，当通过人体的电流超过 50 mA 时，生命就有危险；达到 100 A 时，足以使人致命。根据欧姆定律推算可知，40 V 的电压就足以危及人身安全。因此，焊工在工作时必须注意防止触电。

（1）弧焊设备一次侧电源线接线、修理和检查应由专业电工进行。

（2）弧焊设备的外壳必须接零或接地，以免因漏电而造成触电事故。

（3）焊工在拉、合电源的刀开关时应戴好干燥的手套并且单手进行操作，面部不要正对着刀开关（有时会有电弧火花）。

（4）焊工的工作服、手套、绝缘鞋应保持干燥。

（5）更换焊条时应戴上手套，并应避免身体与焊件接触。

（6）在容器或船舱内或其他狭小的工作场所焊接时，须两人轮流操作，以防意外触电。

（7）在潮湿的场地工作时，应用干燥的木板等绝缘物作垫板。

（8）在光线昏暗的场所或夜间工作时，使用的照明灯的安全电压不能大于 36 V，若在容器内或特别潮湿的场所，其安全电压不超过 12 V。

（9）遇到焊工触电时，应先迅速将电源切断，切不可赤手去拉触电者。如果切断电源后触电者呈昏迷状态，应立即对其施行人工呼吸，直至送到医院为止。

2. 防火灾和爆炸

焊接时，由于电弧及气体火焰的温度很高，而且在焊接过程中有大量的金属火花飞溅物，如稍有疏忽大意，有可能会引起火灾甚至爆炸事故，因此焊工在工作时应采取以下安全措施：

（1）焊接前要认真检查工作场地周围是否有易燃、易爆物品（如棉纱、涂料、煤油、木屑、乙炔发生器等），如有易燃、易爆物品，应将其移至距离焊接工作场地 10 m 以外。

（2）在高空进行焊接作业时，应注意防止因火花飞溅而引起火灾。

（3）严禁在有压力的容器和管道上焊接。

（4）焊补储存过易燃物的容器（如汽油箱）时，焊前应将容器内的介质放净，并清洗干净，再用压缩空气吹干，将所有孔盖完全打开，确认安全可靠后方可焊接。

（5）进入容器内工作时，焊接或切割工具应随焊工同时进出，严禁将焊接或切割工具放在容器内而焊工擅自离去，以防混合气体燃烧和爆炸。

（6）焊条头不能随便乱扔。

3. 防有害气体和烟尘中毒

焊工在焊接时，周围的空气中常被一些有害气体及粉尘所污染，如氧化锰、氧化锌、一氧化碳和金属蒸气等。焊工长期吸入这些烟尘和气体，对身体健康不利，因此应采取以下预防措施：

（1）焊接场地应有良好的通风（如全面通风、局部机械通风或利用自然通风）。

（2）焊工要戴防尘口罩。

（3）合理布局劳动现场，避免多名焊工拥挤在一起操作。

（4）尽量扩大埋弧自动焊的使用范围，以代替焊条电弧焊。

4. 防弧光辐射

弧光辐射主要包括可见光、红外线、紫外线三种辐射。过强的可见光耀眼炫目。紫外线对眼睛和皮肤有较大的刺激性，它能引起电光性眼炎。电光性眼炎的症状是眼睛疼痛、有砂粒感、多泪、畏光、怕风吹等，但电光性眼炎治愈后一般不会有后遗症。皮肤受到紫外线照射时，先是痒、发红、触痛，以后会变黑、脱皮。因此，焊工应采取下列措施预防弧光辐射：

（1）焊工必须使用有电焊防护玻璃的面罩。

（2）面罩应该轻便、成形合适、耐热、不导电、不导热、不漏光。

（3）焊工工作时应穿白色帆布工作服，防止弧光灼伤皮肤。

（4）焊工进行引弧操作时应注意周围是否有人，以免强烈的弧光伤害他人眼睛。

（5）在厂房内和人多的区域进行焊接时，应尽可能地使用防护屏，避免周围的人受弧光伤害。

（6）进行点焊或装配定位焊时，要特别注意避免弧光的伤害，要求焊工或装配工戴防光眼镜。

5. 焊工应做到十不焊

（1）焊工无操作证，又没有正式焊工在现场进行技术指导时，不焊。

（2）凡属于一、二、三级动火范围的作业，未办理动火审批手续的，不焊。

（3）焊工不了解割焊现场周围情况的，不焊。

（4）焊工不了解割焊件内部是否安全时，未经彻底清洗的，不焊。

（5）盛装过可燃气体和有毒物质的各种容器，未经彻底清洗的，不焊。

（6）用可燃材料进行保温、冷却、隔音、隔热的部位，火星能飞溅到的地方，在采取切实可靠的安全措施前，不焊。

（7）带电和压力的导管、设备、器具等，在断电、卸压前，不焊。

（8）焊、割部位附近堆有易燃、易爆物品，在彻底清理或采取有效措施前，不焊。

（9）与外单位相接触的部位，在没有弄清楚外单位有无险情，或明知存在危险性又未采取切实有效的安全措施时，不焊。

（10）焊、割现场与附近其他工种互相有抵触时，不焊。

四、课后练习

1. 填空题

（1）焊接是指通过________或________，或两者并用，用或不用填充材料，使焊件达到________结合的一种工艺方法。

（2）________是指在焊接过程中，将焊件接头加热至熔化状态，不加压而完成焊接的方法。

（3）压焊是指在焊接过程中，必须对焊件施加__________（加热或不加热）以完成焊接的方法。

（4）在工业生产中采用的连接方法主要分为可拆连接和_________连接两大类。

（5）在光线昏暗的场所或夜间工作时，使用的照明灯的安全电压不能大于_____V，若在容器内或特别潮湿的场所，其安全电压不超过______V。

（6）焊接前要认真检查工作场地周围是否有易燃、易爆物品，如有易燃、易爆物品，应将其移至距离焊接工作场地_________m 以外。

2. 简答题

（1）按照焊接过程中金属所处的状态不同，焊条电弧焊、手工钨极氩弧焊、电阻焊、火焰钎焊、摩擦焊分别属于什么焊接方法?

（2）焊接结构有什么特点?

（3）焊接过程主要应做好哪些防护工作?

课题 2 认识焊接接头、坡口及焊接位置

学习目标

1. 能认识最常见的四种焊接接头。
2. 能认识平焊、立焊、横焊、仰焊等焊接位置。
3. 能认识焊接坡口及 V 形坡口的尺寸参数。

一、焊接接头的分类

用焊接方法连接的接头称为焊接接头。焊接接头的形式有十多种，其中应用最广泛的有对接接头、角接接头、搭接接头和 T 形接头四种，如图 1-2-1 所示。

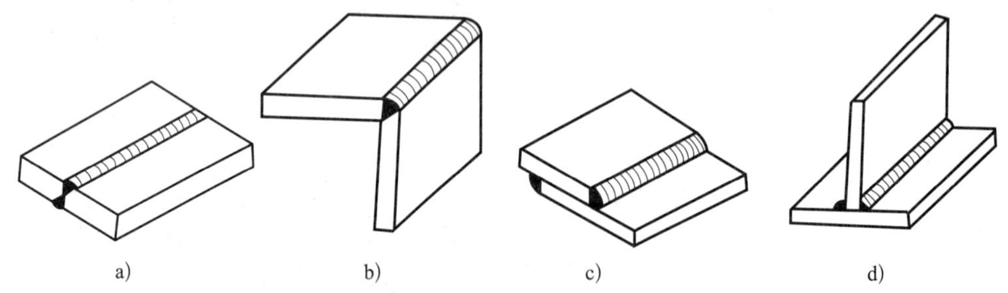

图 1-2-1 焊接接头的基本形式
a）对接接头 b）角接接头 c）搭接接头 d）T 形接头

1. 对接接头

两焊件表面构成大于或等于 135°、小于或等于 180°夹角的接头称为对接接头。在各种焊接结构中它是应用最多的一种接头形式，具有受力好、强度高和节省金属材料的特点，如图 1-2-2 所示为对接接头常见的形式。

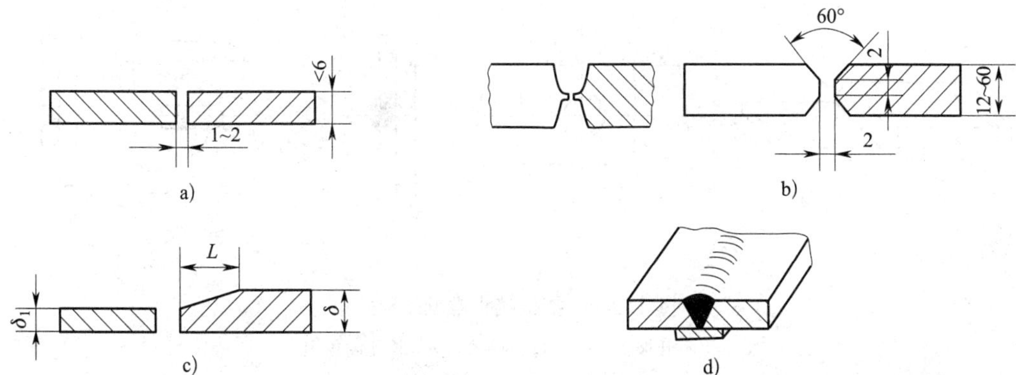

图 1-2-2　对接接头常见的形式

a）不开坡口的对接接头　b）开坡口的对接接头　c）削薄对接接头　d）带垫板的对接接头

2. T 形接头

将相互垂直的焊件用角焊缝连接起来的接头称为 T 形（十字）接头。T 形（十字）接头能承受各种方向的力和力矩。T 形接头是各种箱形结构中最常见的接头形式，在压力容器制造中，插入式管子与筒体的连接、人孔加强圈与筒体的连接等也都属于这一类。如图 1-2-3 所示为 T 形接头常见的形式。

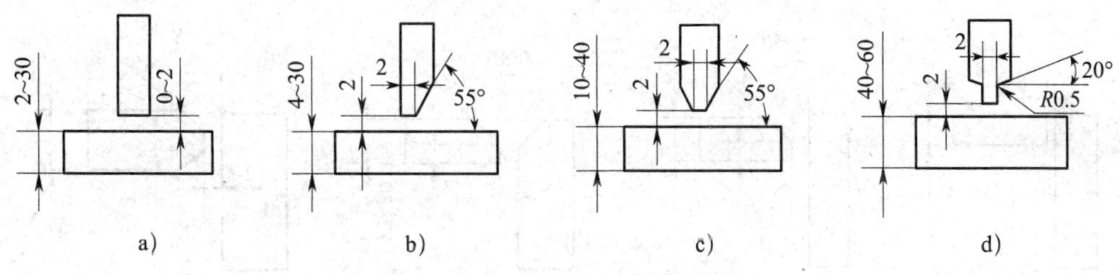

图 1-2-3　T 形接头常见的形式

a）不开坡口　b）带钝边单边 V 形坡口　c）带钝边双单边 V 形坡口　d）带钝边双 J 形坡口

3. 搭接接头

两焊件部分重叠构成的接头称为搭接接头，搭接接头一般用于厚度在 12 mm 以下的板材，其重叠部分为 3 ~ 5 倍板厚，根据焊件的结构对强度要求的不同，可分为不开坡口、圆孔内塞焊和长孔内角焊三种形式，如图 1-2-4 所示。不开坡口采用双面焊接，这种接头的应力分布不均匀，承载能力较低，很少采用。后两种接头形式多用于被焊结构狭小及密封的焊接结构中。由于搭接接头焊前准备和装配工作比对接接头简单，其横向收缩量也比对接接头小，因此，在不重要结构或箱形结构中得到了一定程度的应用。

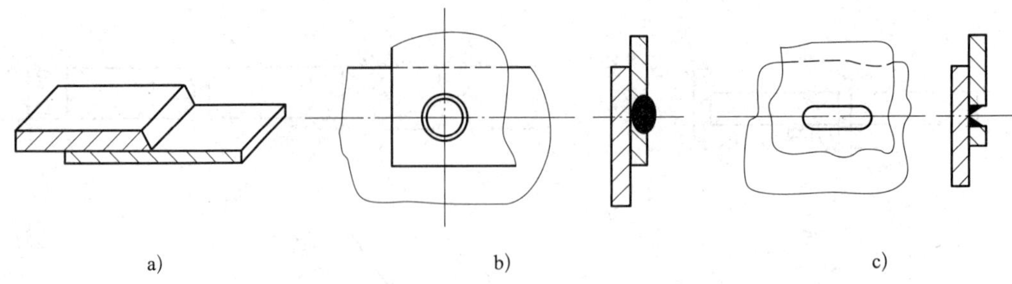

图 1-2-4　搭接接头常见的形式

a）不开坡口　b）圆孔内塞焊　c）长孔内角焊

4. 角接接头

两焊件端面间构成大于 30°、小于 135° 夹角的接头称为角接接头。角接接头多用于箱形构件、骑座式管接头和筒体的连接，小型锅炉中火筒和封头的连接也属于这种形式。

与 T 形接头类似，单面焊的角接接头承受反向弯矩的能力极低，除了钢板很薄或不重要的结构外，一般都应开坡口两面焊，否则不能保证质量，如图 1-2-5 所示为角接接头常见的形式。

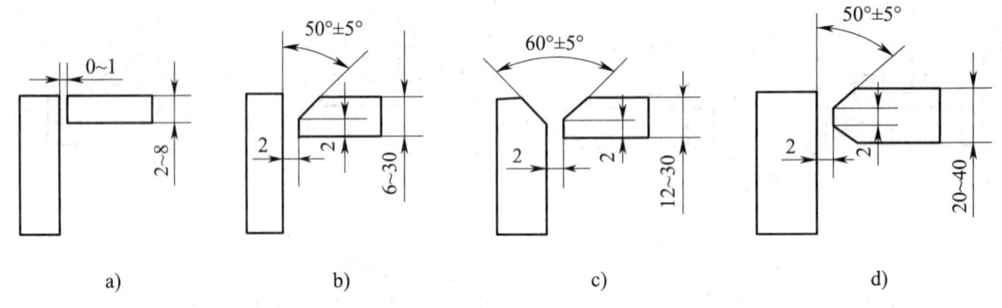

图 1-2-5　角接接头常见的形式

a）不开坡口　b）单边 V 形坡口　c）V 形坡口　d）K 形坡口

二、焊缝的空间位置

焊接时，焊缝所处的空间位置称为焊缝的空间位置，简称焊接位置，可用焊缝倾角和焊缝转角来表示。焊缝倾角是指焊缝轴线与水平面之间的夹角，如图 1-2-6 所示。焊缝转角是指焊缝中心线（焊缝根部和盖面层中心连线）与水平参照面 $-Y$ ~ $+Y$ 轴的夹角，如图 1-2-7 所示。焊接位置分为平焊、横焊、立焊、仰焊四种形式，平焊位置的角焊缝称为平角焊，仰焊位置的角焊缝称为仰角焊，各种焊接位置如图 1-2-8 所示。

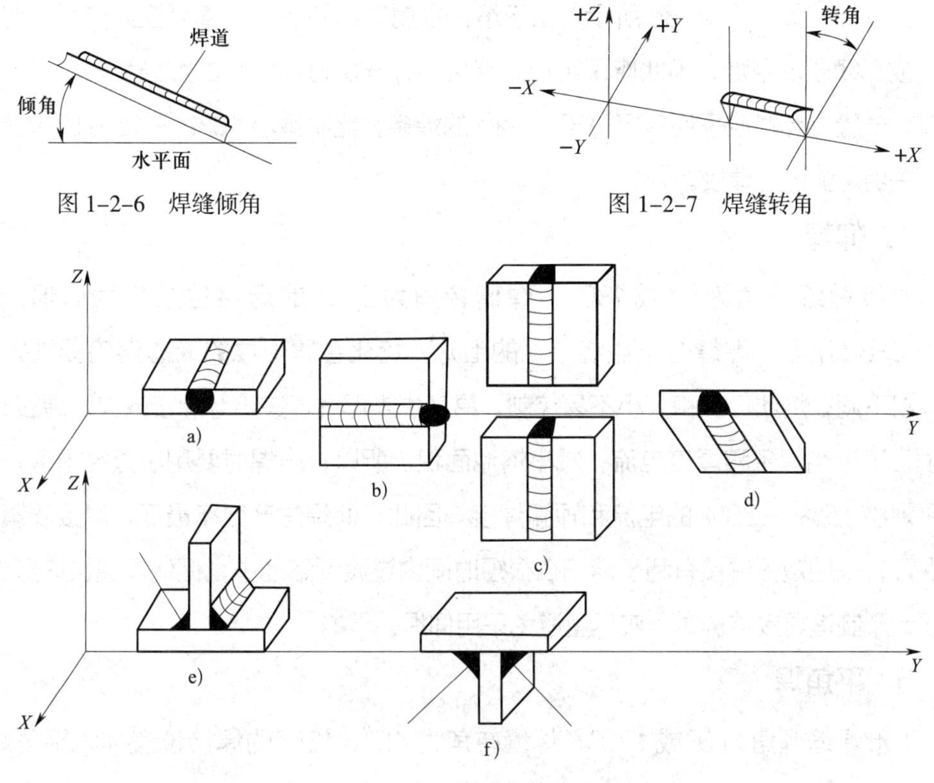

图 1-2-6　焊缝倾角

图 1-2-7　焊缝转角

图 1-2-8　各种焊接位置

a）平焊　b）横焊　c）立焊　d）仰焊　e）平角焊　f）仰角焊

1. 平焊

焊缝倾角为 0°或 180°，焊缝转角为 90°的焊接位置称为平焊，如图 1-2-8a 所示。由于焊缝处于水平位置，操作技术较易掌握，可选用较大直径的焊条和较大的焊接电流、多种运条方式进行焊接。

2. 横焊

焊缝倾角为 0°或 180°，焊缝转角为 0°或 180°的对接焊位置称为横焊，如图 1-2-8b 所示。由于熔化金属形成的液态熔滴受重力作用容易下淌而产生焊接缺欠，进行横焊时，应尽可能将上边的焊件切成斜边（坡口），以便由下边的焊件形成一个横台托住熔化金属。但因液态金属容易向下坠流，熔渣不易浮出，易产生咬边、焊瘤、夹渣和未焊透等缺欠，焊接质量较难保证。所以应采用短弧焊接，并选用直径较小的焊条、较小的焊接电流及适当的运条方式进行焊接。

3. 立焊

焊缝倾角为 90°（立向上）、270°（立向下），焊缝转角为 0° ~ 180°的焊接位置称为立焊，如图1-2-8c所示。由于熔化金属形成的液态熔滴受重力作用，易下淌造成焊缝成形困难，因此应采用短弧焊接，并选用直径较小的焊条和较小的焊接电流。一般立焊时应采用直径小于4 mm的焊条，比平焊小10% ~ 15%的焊接电流，采用短弧进行焊接。

4. 仰焊

对接焊缝倾角为0°或180°，焊缝转角为270°的焊接位置称为仰焊，如图1-2-8d所示。焊缝位于燃烧电弧的上方，熔化金属形成的液态熔滴受重力作用，易下淌，熔池形状和大小不易控制，易产生未焊透、夹渣等焊接缺欠。焊接时，必须正确选用焊条和焊接电流，减小熔池面积。所以，施焊时要用小直径焊条，用比平焊小15% ~ 20%的电流和短弧焊接。因此，仰焊生产效率最低，焊接质量较难保证，采用短弧焊接有利于熔滴在很短时间内过渡到熔池中，促使焊缝快速形成。在设计及制造焊接结构时，应尽量避免采用仰焊。

5. 平角焊

T形焊缝倾角为0°或180°，焊缝转角为45°、135°的焊接位置称为平角焊，如图1-2-8e所示。

6. 仰角焊

T形焊缝倾角为225°或315°，焊缝转角为45°、135°的焊接位置称为仰角焊，如图1-2-8e所示。

三、焊接坡口及选择

1. 焊接坡口形式

根据设计或工艺的需要，在焊件的待焊部位加工成具有一定几何形状的沟槽称为坡口。坡口的作用是保证焊缝根部焊透，保证焊缝厚度满足设计要求，保证焊接质量和连接强度，同时调整基体金属与填充金属的比例，然后按照标准化和规范化的要求装配焊件，最终达到保证焊接质量的目的。

根据国家标准《气焊、焊条电弧焊、气体保护焊和高能束焊的推荐坡口》（GB/T 985.1—2008），焊接接头坡口的基本形式有I形坡口、V形坡口、X形坡口、U形坡口，如图1-2-9所示。

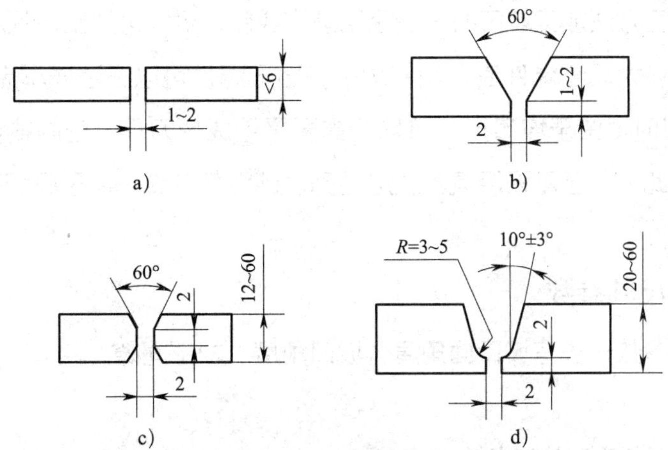

图 1-2-9　焊接接头坡口的基本形式

a）I 形坡口　b）V 形坡口　c）X 形坡口　d）U 形坡口

（1）I 形坡口

I 形坡口用于较薄钢板的对接焊接，采用气体保护焊焊接厚度在 6 mm 以下的钢板可以开成 I 形坡口，采用双面双道焊。

（2）V 形坡口

V 形坡口形状简单，加工方便，是最常用的坡口形式。焊接时采用单面焊，不用翻转焊件，但由于是单面焊，焊后容易往一个方向变形。因此，在必要时应采取反变形措施。

（3）X 形坡口

X 形坡口常用于厚度为 12 ~ 60 mm 钢板的焊接。X 形坡口是在 V 形坡口的基础上发展起来的，它与 V 形坡口相比，在厚度相同的情况下，焊缝金属量可以减少约 1/2。由于是对称焊接，焊后的残余变形较小。

（4）U 形坡口

U 形坡口用于厚板焊接。对于大厚度钢板，当焊件厚度相同时，U 形坡口的焊缝填充金属比 V 形坡口、X 形坡口少得多，而且焊缝变形也小。但是因 U 形坡口的根部有圆弧，加工困难，一般用于重要的焊接结构中。

2. 坡口加工

焊件厚度大于 6 mm 时应开坡口，以保证焊透母材根部。开坡口多采用机械加工方法，经机械加工的坡口尺寸准确，质量好，效率高，容易控制，坡口表面无氧化物，不影响焊接质量，而且对母材的力学性能基本没有影响。

用机械加工方法加工坡口时一般采用刨床或刨边机，可加工板状焊件的 V 形坡口、X 形坡口。大尺寸焊件应采用刨边机；圆形焊件可以在卧式车床上加工坡口；加工 U 形坡口时，由于坡口形状特殊，需要采用成形刀具，刨削或铣削出所要求形状的坡口。此外，还可采用氧乙炔焰切割、碳弧气刨或等离子弧切割等方法加工坡口。

3. 坡口尺寸参数

坡口尺寸参数一般有坡口面角度、坡口角度、根部间隙、钝边、根部半径、坡口深度等。

（1）坡口面角度和坡口角度

坡口面是指待焊件上的坡口表面。两坡口面之间的夹角叫作坡口角度，用 α 表示；待加工坡口的端面与坡口面之间的夹角叫作坡口面角度，用 β 表示，如图 1–2–10a、b 所示。

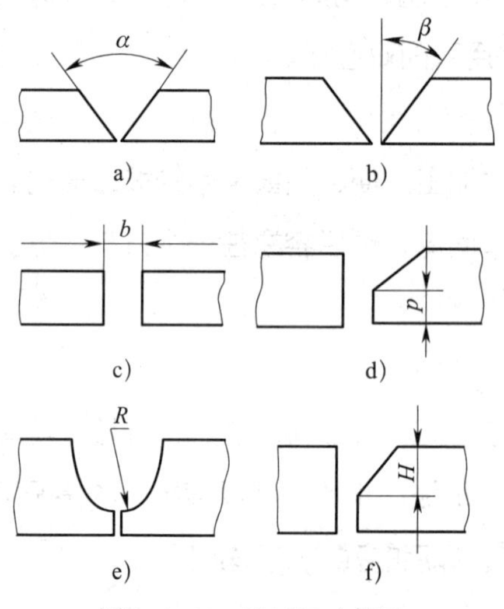

图 1–2–10　坡口尺寸符号

a）坡口角度 α　b）坡口面角度 β　c）根部间隙 b　d）钝边 p　e）根部半径 R　f）坡口深度 H

（2）根部间隙

焊前在接头根部之间预留的空隙叫作根部间隙，用 b 表示，如图 1–2–10c 所示。其作用在于打底焊时保证根部焊透。根部间隙又称装配间隙。

（3）钝边

焊件开坡口时，沿焊件接头坡口根部端面的直边部分叫作钝边，用 p 表示，如图 1–2–10d 所示。钝边的作用是防止根部烧穿。

（4）根部半径

在 J 形、U 形坡口底部的圆角半径叫作根部半径，用 R 表示，如图 1-2-10e 所示。其作用是增大坡口根部的空间，以便焊透根部。

（5）坡口深度

焊件上开坡口部分的深度叫作坡口深度，用 H 表示，如图 1-2-10f 所示。

4. 坡口的选择原则

（1）尽可能减少熔敷金属的填充量，提高焊接生产效率。

（2）在焊接厚板时，尽量选用对称坡口，以减少焊接变形。

（3）满足焊件的可焊到性、装配和检验要求，方便焊接操作。

（4）应尽量保证焊件熔透（焊透）及避免产生根部裂纹（焊条电弧焊熔深一般为 2 ~ 4 mm）。

（5）坡口形状加工方便，有利于焊接操作。

（6）对于易产生焊接裂纹、淬硬倾向比较大的厚钢板或高强度钢，应优先考虑选用圆弧半径合适的 U 形坡口。

四、课后练习

1. 指出图 1-2-11 所示焊接接头分别属于什么接头形式。

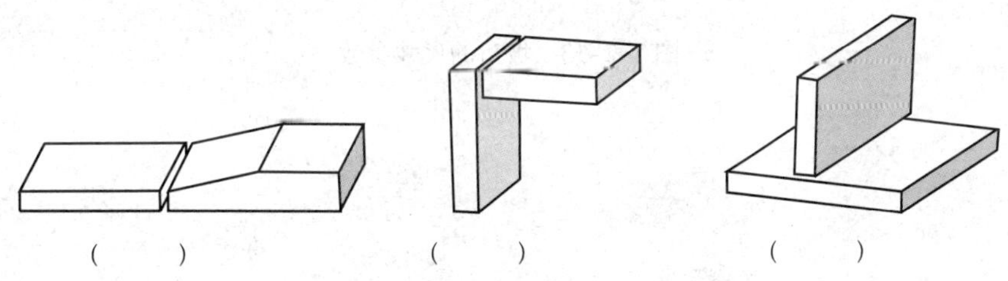

（　　）　　（　　）　　（　　）

图 1-2-11　焊接接头的形式

2. 指出图 1-2-12 所示焊接操作分别属于什么焊接位置。

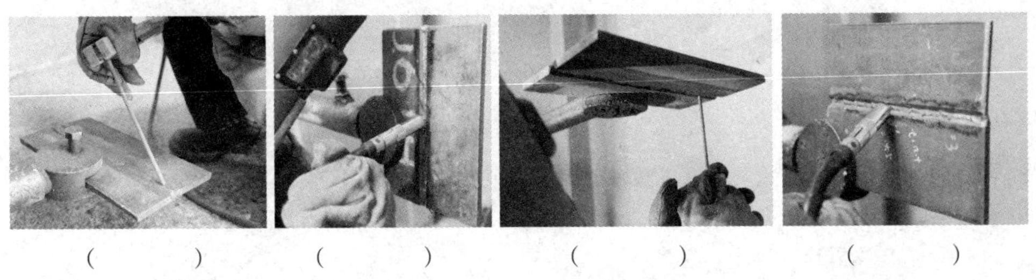

（　　）　　（　　）　　（　　）　　（　　）

图 1-2-12　焊接位置

3. 写出表 1-2-1 所列焊缝接头的坡口名称。

表 1-2-1　焊缝接头坡口名称

焊缝接头坡口图示	坡口名称	焊缝接头坡口图示	坡口名称
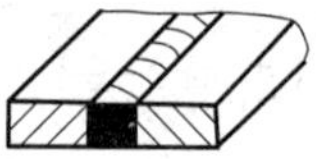		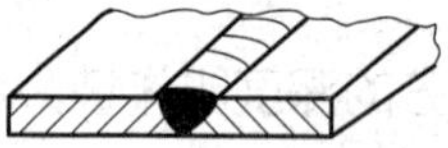	
		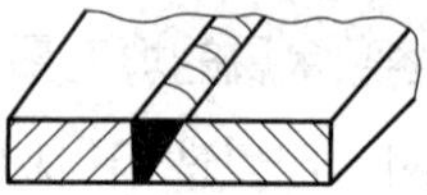	
		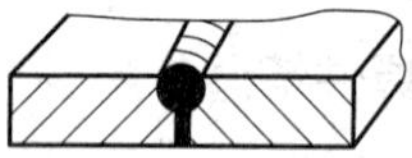	

4. 图 1-2-13 所示坡口的尺寸参数中钝边、坡口角度、接头间隙分别是多少？它们各有什么作用？

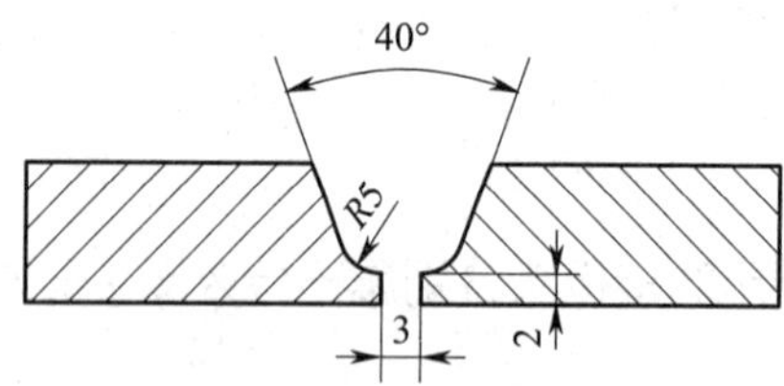

图 1-2-13　坡口的尺寸参数

课题 3
焊接装配图的识读

学习目标

1. 能认识焊缝基本符号、补充符号和焊缝尺寸符号。
2. 能通过查阅国家标准认识相关焊接方法代号。
3. 能读懂焊接图样上标注的焊缝信息。
4. 了解焊接装配图识读的方法与步骤。

焊接装配图是指用来表达需要焊接的产品零件、部件上有关焊接技术要求的图样。识读焊接装配图就是要搞清楚与焊接有关的技术要求，如接头形式、坡口形式、焊接方法、焊接材料型号及焊缝验收技术要求等。

一、焊缝符号

焊缝符号是标注在工程图样上，进行焊接施工的主要依据，焊接操作者要弄清楚焊缝符号的标注方法及其含义。

根据国家标准《焊缝符号表示法》（GB/T 324—2008）的规定，完整的焊缝符号一般由基本符号、指引线组成，必要时还可以加上补充符号、焊缝尺寸符号和数据等。为了简化，在图样上标注焊缝时通常只采用基本符号和指引线，其他内容一般在有关文件（如焊接工艺规程等）中明确。

1. 基本符号

基本符号表示焊缝横截面的基本形式或特征，它采用近似于焊缝横截面形状的符号。常见的焊缝基本符号见表 1-3-1。

表 1-3-1　常见的焊缝基本符号

焊缝名称	焊缝横截面形状	符号	焊缝名称	焊缝横截面形状	符号
卷边焊缝	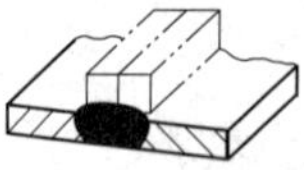	 ⌒⌒	端焊缝		|||
I 形焊缝		||	角焊缝	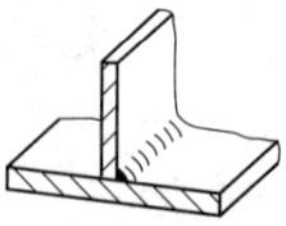	◺
V 形焊缝	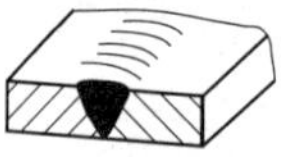	V	塞焊缝或槽焊缝	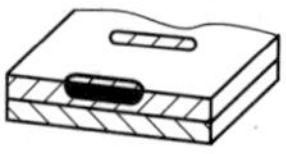	 ⊓
带钝边 V 形焊缝	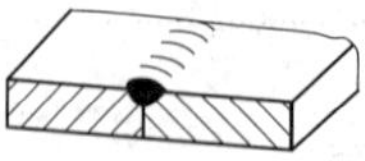	Y	带钝边 J 形焊缝	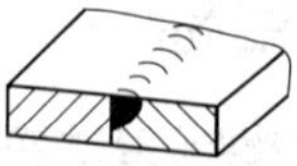	 ┝
单边 V 形焊缝	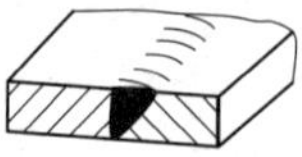	∨	点焊缝	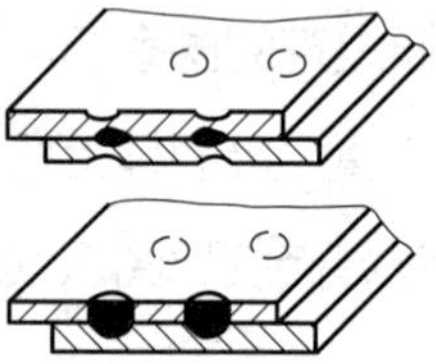	○
带钝边单边 V 形焊缝	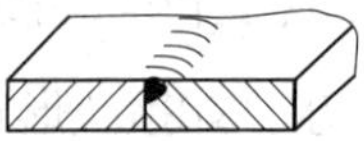	⊬	缝焊缝	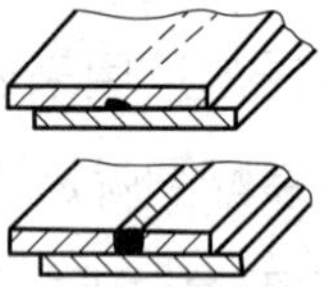	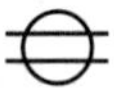 ⊖
带钝边 U 形焊缝		 Ȳ	封底焊缝	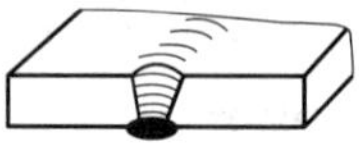	 ◡
堆焊缝		 ⌒⌒	折叠连接（钎焊）	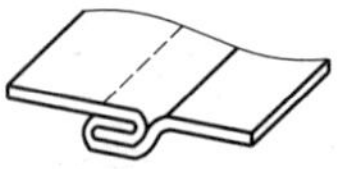	 ᘓ

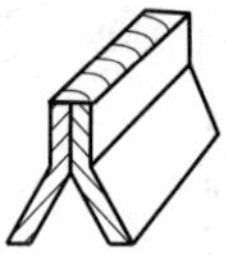

2. 基本符号的组合

标注双面焊焊缝或接头时，基本符号可以组合使用，见表 1-3-2。

表 1-3-2　基本符号的组合

序号	名称	图示	符号
1	双面 V 形焊缝（X 焊缝）	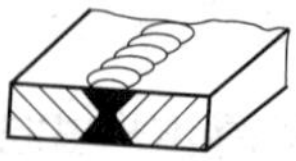	X
2	双面单 V 形焊缝（K 焊缝）	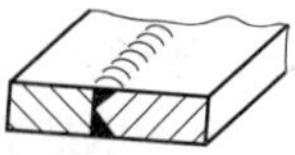	K

续表

序号	名称	图示	符号
3	带钝边的双面 V 形焊缝		
4	带钝边的双面单 V 形焊缝		
5	双面 U 形焊缝		

3. 补充符号

补充符号用来补充说明焊缝或接头的某些特征（如表面形状、衬垫、焊缝分布、施焊地点等），见表 1-3-3。

表 1-3-3　补充符号

名称	符号	说明
平面		焊缝表面通常经过加工后平整
凹面		焊缝表面凹陷
凸面		焊缝表面凸起
圆滑过渡		焊趾处过渡圆滑
永久衬垫	M	衬垫永久保留
临时衬垫	MR	衬垫在焊接完成后拆除
三面焊缝		三面带有焊缝
周围焊缝		沿着工件周边施焊的焊缝 标注位置为基准线与箭头线的交点处
现场焊缝		在现场焊接的焊缝
尾部		可以表示所需的信息

4. 焊缝尺寸符号

焊缝尺寸符号是表示坡口和焊缝各特征尺寸的符号，见表 1-3-4。

表 1-3-4　焊缝尺寸符号

符号	名称	示意图	符号	名称	示意图
δ	工件厚度	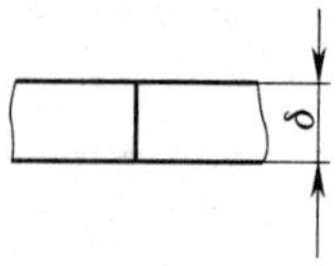	e	焊缝间距	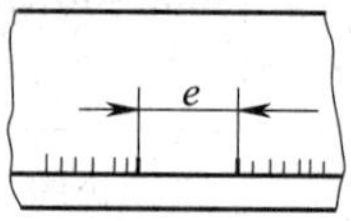
α	坡口角度	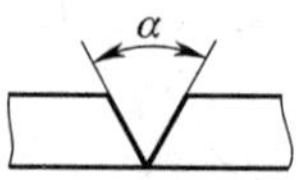	K	焊脚尺寸	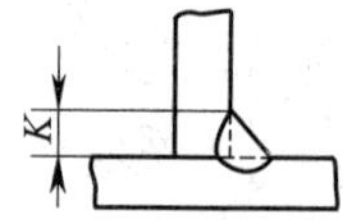
b	根部间隙	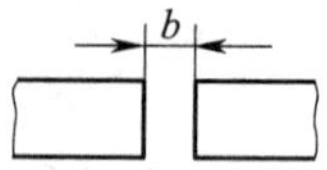	d	点焊：熔核直径 塞焊：孔径	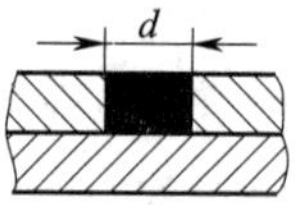
p	钝边	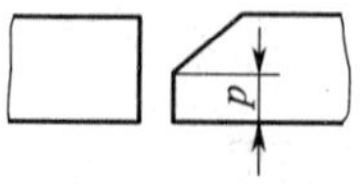	S	焊缝有效厚度	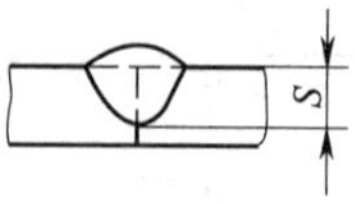
c	焊缝宽度	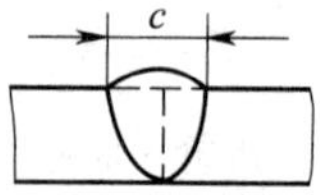	N	相同焊缝数量	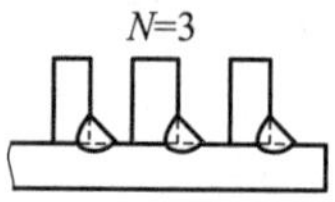
R	根部半径	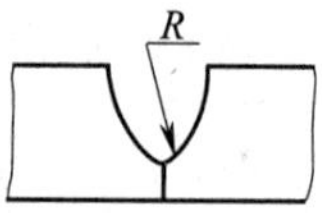	H	坡口深度	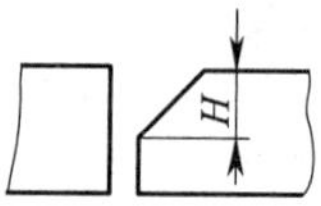
l	焊缝长度	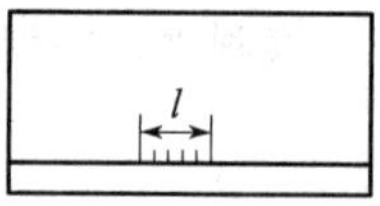	h	余高	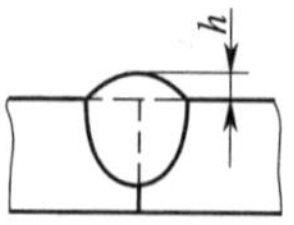
n	焊缝段数	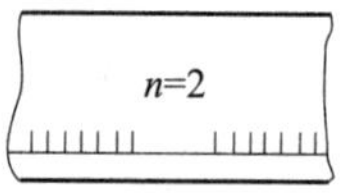	β	坡口面角度	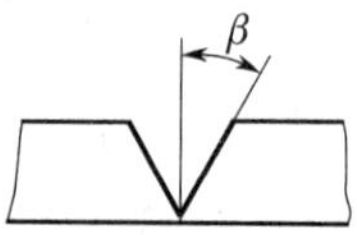

5. 指引线

指引线由箭头线和基准线（实线和虚线）组成，如图 1-3-1 所示。

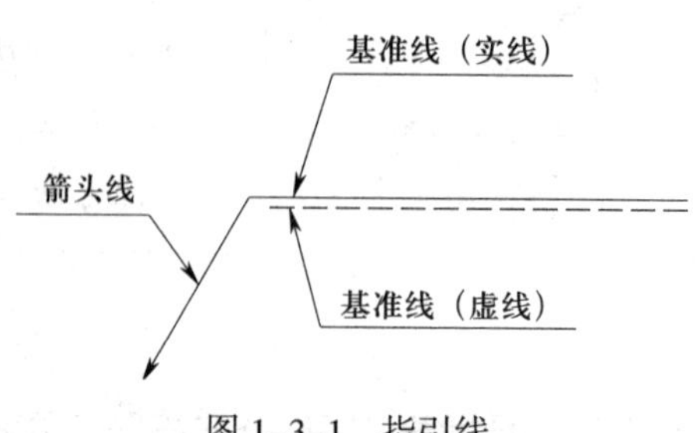

图 1-3-1　指引线

二、焊接方法代号

为了简化焊接方法的标注和文字说明，可采用国家标准《焊接及相关工艺方法代号》(GB/T 5185—2005）规定的用阿拉伯数字表示的金属焊接及钎焊等各种焊接方法的代号。焊接方法标注在指引线的尾部。常见焊接方法代号及英文缩写见表 1-3-5。

表 1-3-5　焊接方法代号及英文缩写（摘自 GB/T 5185—2005）

序号	焊接方法	数字标记	英文缩写
1	气焊	3	OFW
2	氧乙炔焊	311	OAW
3	焊条电弧焊	111	SMAW
4	熔化极非惰性气体保护电弧焊	135	MAG
5	熔化极惰性气体保护电弧焊	131	MIG
6	钨极惰性气体保护电弧焊	141	TIG
7	自保护药芯焊丝电弧焊	114	FCW-S
8	非惰性气体保护的药芯焊丝电弧焊	136	FCAW
9	埋弧焊	12	SAW
10	非熔化极气体保护电弧焊	14	GTAW
11	熔化极气体保护电弧焊	13	GMAW
12	等离子弧焊	15	PAW
13	激光焊	52	LBW
14	电子束焊	51	EBW
15	压力焊	4	PW
16	电阻焊	2	RW
17	点焊	21	RSW
18	缝焊	22	RSEW
19	电阻凸焊	23	RPW
20	闪光焊	24	FW

续表

序号	焊接方法	数字标记	英文缩写
21	摩擦焊	42	FRW
22	电阻螺柱焊	782	SW
23	电渣焊	72	ESW
24	无气体保护的电弧焊	11	BMAW

三、焊缝标注方法

在焊缝符号中，基本符号和指引线为基本要素，焊缝的准确位置通常由基本符号和指引线之间的相对位置决定，具体包括箭头线的位置、基准线的位置、基本符号的位置。

1. 箭头线的位置

箭头直接指向的接头侧为“接头的箭头侧”，与之相对的则为“接头的非箭头侧”，如图 1-3-2 所示。

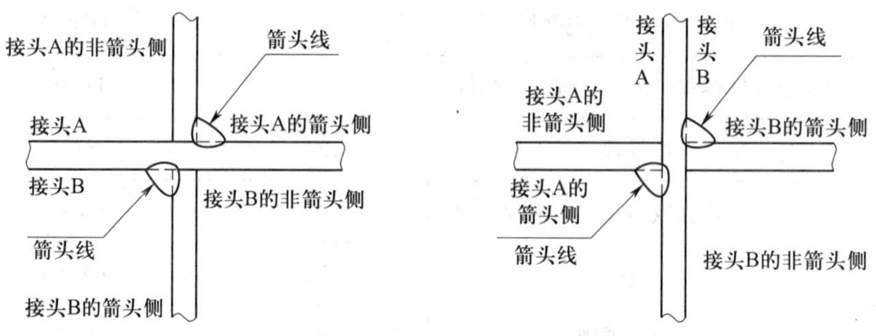

图 1-3-2　接头的“箭头侧”和“非箭头侧”示例

2. 基准线的位置

基准线一般应与图样的底边相平行，必要时也可以与底边相垂直。实线和虚线的位置可根据需要互换。

3. 基本符号与基准线的相对位置

基本符号在实线侧时，表示焊缝在箭头侧，如图 1-3-3a 所示；基本符号在虚线侧时，表示焊缝在非箭头侧，如图 1-3-3b 所示；对称焊缝允许省略虚线，如图 1-3-3c 所示；在明确焊缝分布位置的情况下，有些双面焊缝也可省略虚线，如图 1-3-3d 所示。

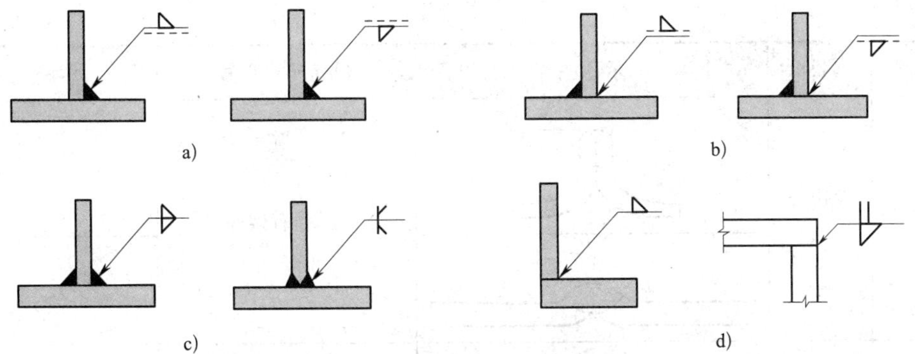

图 1-3-3　基本符号与基准线的相对位置

a）焊缝在接头的箭头侧　b）焊缝在接头的非箭头侧　c）对称焊缝　d）焊缝分布位置明确

4. 焊缝尺寸符号的标注位置

必要时，可以在焊缝符号中标注焊缝尺寸，尺寸标注方法如图 1-3-4 所示。

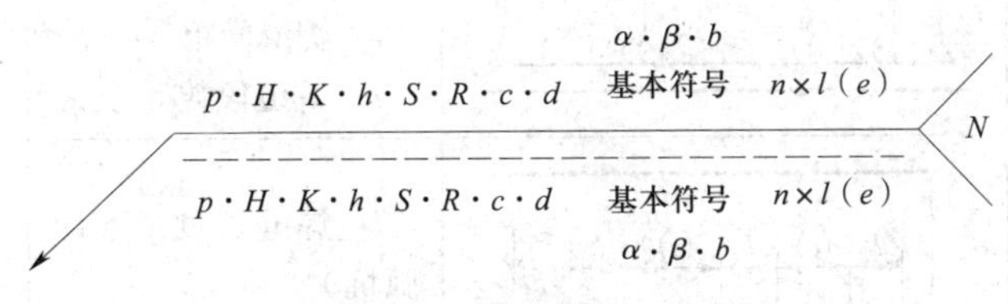

图 1-3-4　尺寸标注方法

（1）焊缝横截面上的尺寸标注在基本符号的左侧。

（2）焊缝长度方向尺寸标注在基本符号的右侧。

（3）坡口角度、坡口面角度、根部间隙标注在基本符号的上侧或下侧。

（4）相同焊缝数量标注在尾部。

常用焊缝尺寸标注示例见表 1-3-6。

表 1-3-6　焊缝尺寸标注示例

序号	名称	示意图	焊缝尺寸符号	示例
1	对接焊缝	S	S：焊缝有效厚度	S∨
		S		S‖
		S		SY

续表

序号	名称	示意图	焊缝尺寸符号	示例
2	卷边焊缝		S：焊缝有效厚度	S‖ S⌒
3	连续角焊缝		K：焊脚尺寸	K◺
4	断续角焊缝		l：焊缝长度（不计弧坑） e：焊缝间距 n：焊缝段数	K◺ n×l (e)
5	交错断续角焊缝		l：焊缝长度（不计弧坑） e：焊缝间距 n：焊缝段数 K：焊脚尺寸	K n×l (e) K n×l (e)
6	点焊缝		n：焊缝段数 e：焊缝间距 d：熔核直径	d○ n×(e)

四、识读焊接装配图的方法和步骤

1. 一般识图

（1）首先看标题栏和明细栏、技术要求，了解装配体的名称、零件的名称和在装配图上的大致位置。

（2）分析视图，弄清楚装配图上有哪些视图，采取什么表达方式，表达重点是什么。

（3）分析各种装配尺寸是否清楚，是否有加工面以及应如何选择。

（4）看懂全部装配图后，弄清楚装配顺序，将需要加工的零件加工后再装配。

2. 装配图焊接知识识图

（1）找出表明焊接结构的视图。

（2）弄清楚焊接件的定形尺寸、定位尺寸及焊后加工尺寸。

（3）明确焊缝的接头形式、焊缝符号及焊缝尺寸。

（4）了解焊接件的装配、焊接方法及焊后处理等技术要求。

五、课后练习

识读图 1-3-5 所示的液化气钢瓶图样，了解其性能、功用和工作原理；了解零件之间的相对位置和装配关系；读懂各零件间结构形式和焊缝的接头形式，看懂焊缝符号和焊缝尺寸并回答问题。

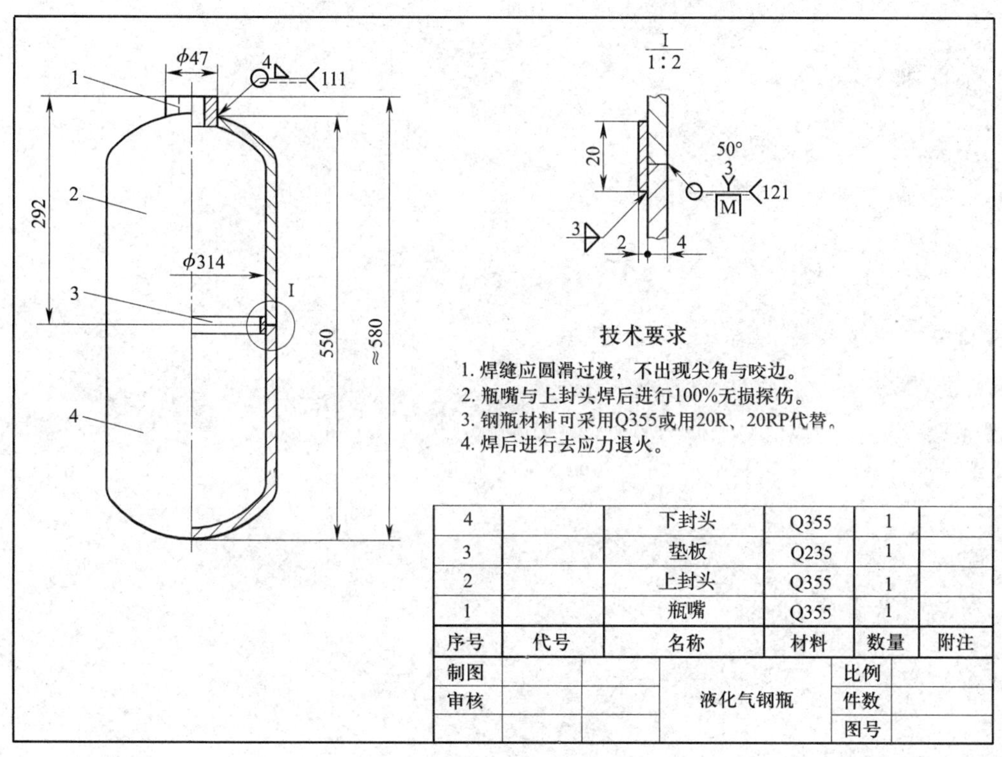

4		下封头	Q355	1	
3		垫板	Q235	1	
2		上封头	Q355	1	
1		瓶嘴	Q355	1	
序号	代号	名称	材料	数量	附注

制图			液化气钢瓶	比例	
审核				件数	
				图号	

图 1-3-5　液化气钢瓶

1. 该部件的名称是＿＿＿＿＿＿＿＿，它采用＿＿＿＿＿个视图进行表达，分别是＿＿＿＿＿＿＿和＿＿＿＿＿＿＿，主视图采用＿＿＿＿＿＿＿剖视图。

2. 该部件由＿＿＿＿＿、＿＿＿＿＿、＿＿＿＿＿、＿＿＿＿＿组成，它们之间采用＿＿＿＿＿方式连接为一体。

3. 图中焊缝采用的接头方式有____________、____________、____________。

4. 图中焊缝采用的焊接方法有________________、________________。

5. 图中表示焊缝的符号有____________、____________，它们的含义分别是_______________、__________________________。

6. 图中对焊接质量的要求有____________________________________。

7. 图中焊缝符号 4 111 表示____。

8. 图中焊缝符号 50° 3 M 121表示____。

课题 4
焊缝外部缺欠及检测

学习目标

1. 能认识常见的焊接缺欠。
2. 了解焊接缺欠检测的基本方法。
3. 能对焊缝外部缺欠进行检测。

一、焊接缺欠概念及分类

1. 焊接缺欠的概念

焊接结构在焊接过程中受各种因素的影响，不可避免地产生焊接缺欠，它的存在不同程度上影响产品的质量和安全使用。在焊接接头中的不连续性、不致密性或连接不良的现象称为焊接缺欠。超过规定值的缺欠称为焊接缺陷。

2. 焊接缺欠的分类

焊接生产中产生焊接缺欠的类型是多种多样的，按焊接缺欠在焊缝中的位置不同分为外部缺欠和内部缺欠。

（1）外部缺欠

外部缺欠是指用肉眼或简单的方法便可以从外部检查出来的缺欠，如焊缝形状和尺寸不符合要求、咬边、弧坑、焊穿、焊瘤、严重飞溅、电弧擦伤、下陷、表面裂纹、表面夹渣、表面气孔及接头变形等。

（2）内部缺欠

内部缺欠位于焊缝内部，只能通过破坏性检验或无损探伤的方法来发现，如内部气孔、内部裂纹、夹渣、夹钨、未焊透和未熔合、白点以及接头的组织不符合要求等。

二、焊缝常见的外部缺欠

优质的焊接接头应具备两个条件：一是焊接接头的使用性能不低于母材；二是焊接接头中没有技术要求规定的不允许存在的焊接缺欠。

由于焊接缺欠的存在减小了焊接接头承载的有效截面积，更主要的是在缺欠周围易产生应力集中。因此，焊接缺欠对结构的整体承载强度、疲劳强度、脆性断裂以及抗应力腐蚀开裂等都有重大的影响，轻者使焊件成废品，重者将酿成工程事故。焊接缺欠的种类很多，分类也很复杂，这里主要介绍焊缝常见的外部缺欠。

1. 焊缝形状和尺寸不符合要求

焊缝形状和尺寸不符合要求主要是指焊缝外形高低不平，波形粗糙；焊缝宽窄不均匀，太宽或太窄；焊缝余高过高或高低不均匀；角焊缝焊脚不均匀以及变形较大等，如图 1-4-1 所示。

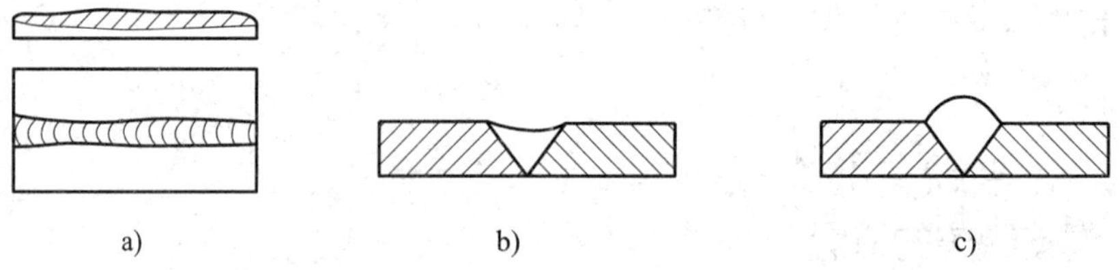

图 1-4-1　焊缝形状及尺寸不符合要求

a）焊缝高度不平，宽窄不一　b）余高过低　c）余高过高

焊缝宽窄不均匀，除了造成焊缝成形不美观外，还影响焊缝与母材的结合强度；焊缝余高太高，使焊缝与母材交界突变，形成应力集中，而焊缝低于母材，就不能得到足够的接头强度；角焊缝的焊脚不均匀，且无圆滑过渡也易造成应力集中。

2. 咬边

由于焊接参数选择不当或操作方法不正确，沿焊趾的母材部位产生的沟槽或凹陷称为咬边，如图 1-4-2 所示。

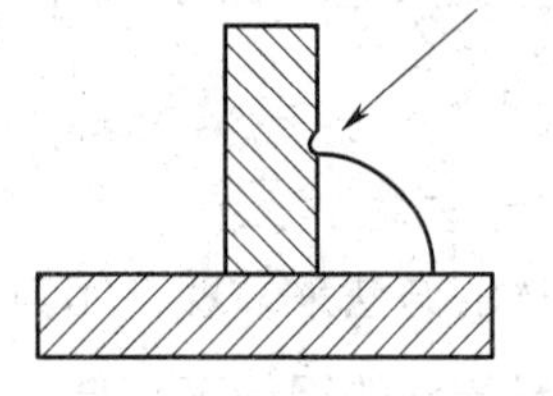
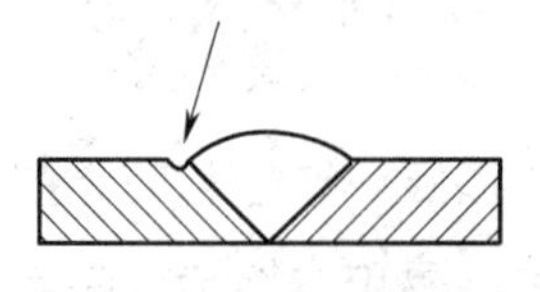

图 1-4-2　咬边

咬边减小了母材的有效截面积，降低了焊接接头强度，并且在咬边处形成应力集中，容易引发裂纹。

3. 焊瘤

焊瘤是指在焊接过程中，熔化金属流淌到焊缝之外未熔化的母材上凝固后所形成的金属瘤，如图 1-4-3 所示。

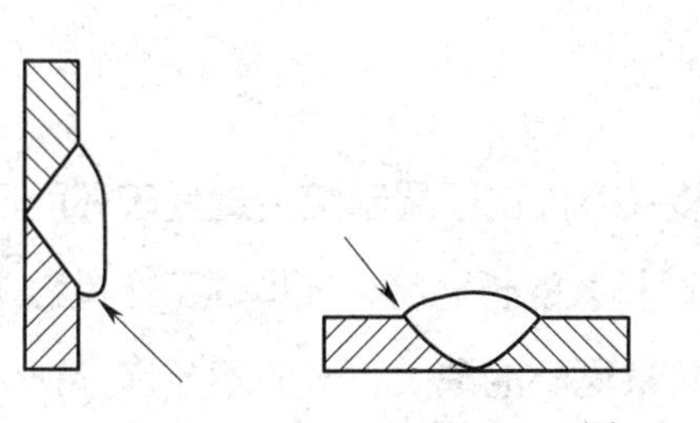

图 1-4-3　焊瘤

焊瘤不仅影响了焊缝的成形，而且在焊瘤的部位往往还存在着夹渣和未焊透。产生焊瘤的原因主要是焊接电流过大，焊接速度过慢，导致熔池温度过高，液态金属凝固较慢，在自重作用下形成。

4. 弧坑

弧坑是在焊缝收尾处产生的下陷部分，如图 1-4-4 所示。弧坑使焊缝的有效截面积减小，削弱了焊缝强度，且由于杂质的集中，会产生弧坑裂纹。产生弧坑的原因主要是操作技能不熟练，电弧拉得过长，熄弧过快，没有进行填弧坑操作。

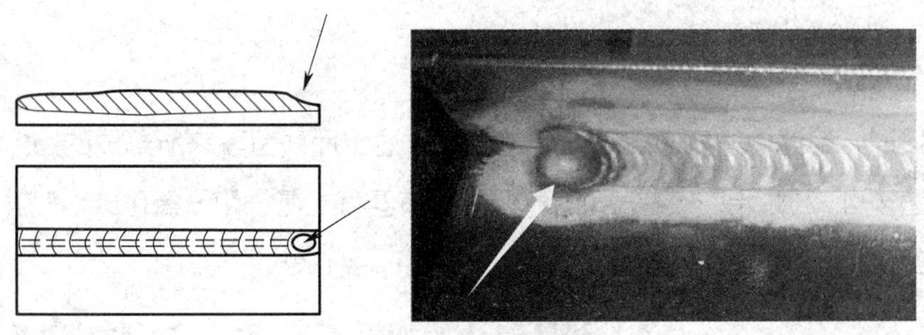

图 1-4-4　弧坑

5. 烧穿

烧穿是指在焊接过程中，熔化金属自坡口背面流出，形成穿孔的缺欠，如图 1-4-5 所示。产生烧穿的原因主要是焊接电流过大，焊接速度过慢，使电弧在焊缝处停留时间过长；装配间隙太大等。

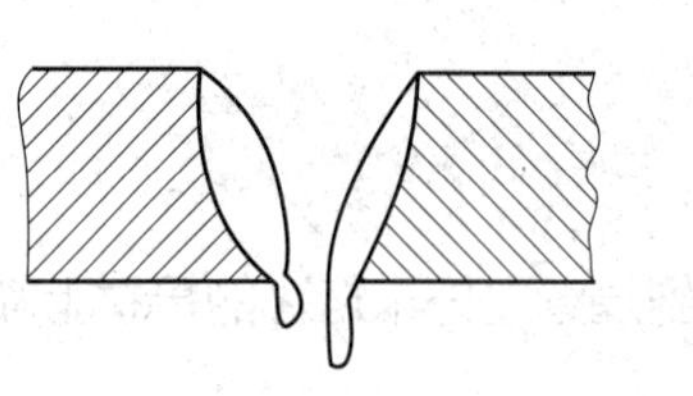
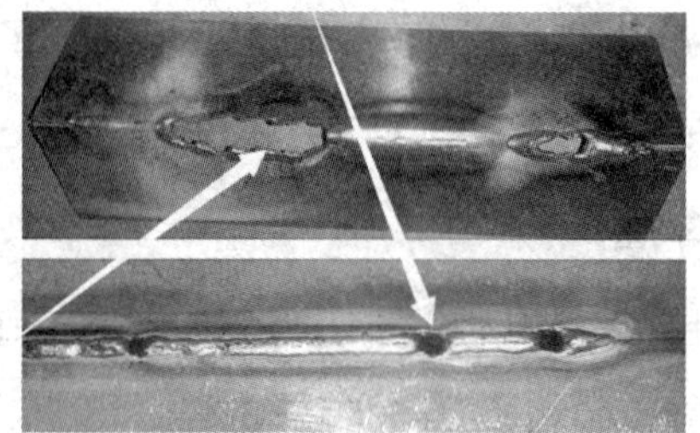

图 1-4-5　烧穿

6. 表面裂纹

表面裂纹是焊接裂纹的一种，即焊接接头表面由于局部结合遭受破坏而形成的裂纹，如图 1-4-6 所示。它具有尖锐的缺口和大的长宽比，在焊件工作过程中会扩大，甚至会使结构突然断裂，是焊接接头中最危险的缺欠，一般不允许存在。表面裂纹形成的主要原因是焊接应力的存在和低熔点共晶体的形成。焊接过程中产生拉应力是产生裂纹的外因，晶界上的低熔点共晶体是产生裂纹的内因。

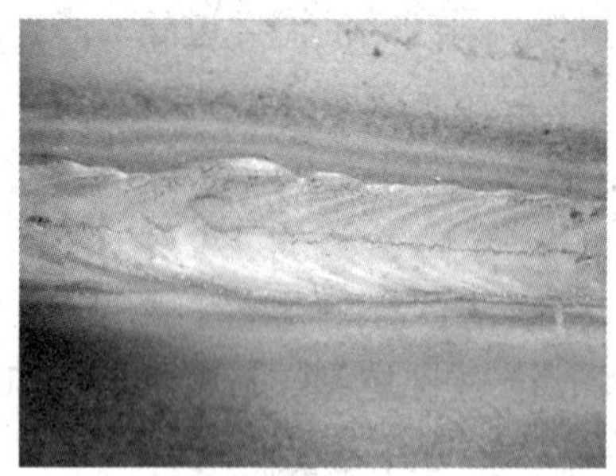
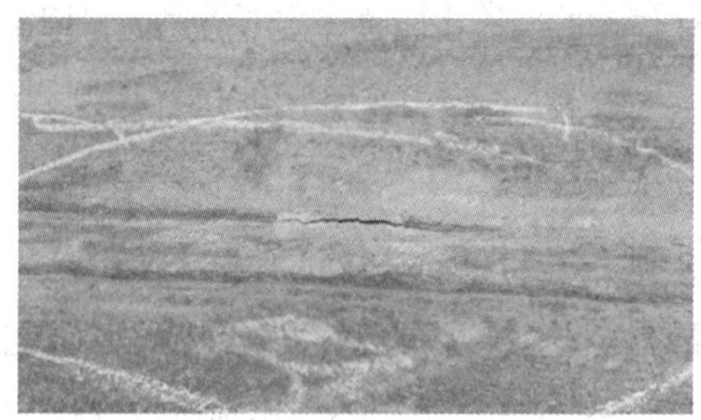

图 1-4-6　表面裂纹

7. 气孔

焊接时，熔池中的气泡在凝固时未能及时逸出而残留下来所形成的空穴称为气孔，如图 1-4-7 所示。产生气孔的气体主要有氢气、氮气和一氧化碳。气孔有时在焊缝内部，有时暴露在焊缝外部。

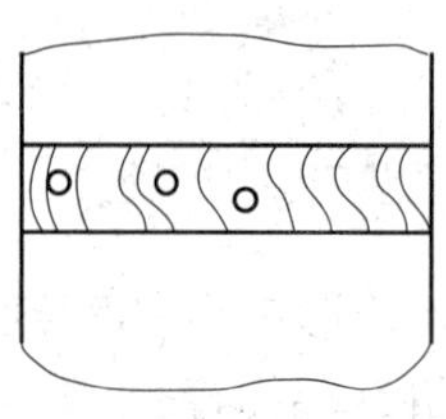
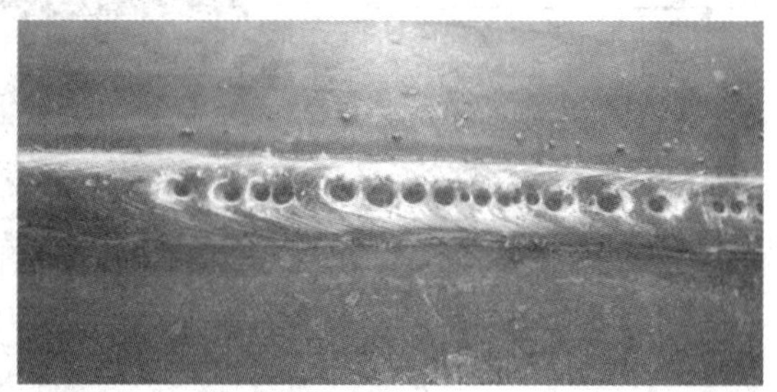

图 1-4-7　焊缝中的气孔

气孔的存在会削弱焊缝的有效工作截面积，造成应力集中，降低焊缝金属的强度和塑性，尤其是冲击韧度和疲劳强度降低得更明显。

8. 表面夹渣

表面夹渣是焊缝夹渣的一种，即裸露在焊缝金属表面的非金属夹杂物，如图 1-4-8 所示。表面夹渣与表面气孔一样，对强度、塑性有影响，且破坏了焊缝金属的连续性，降低了焊接结构的致密性。

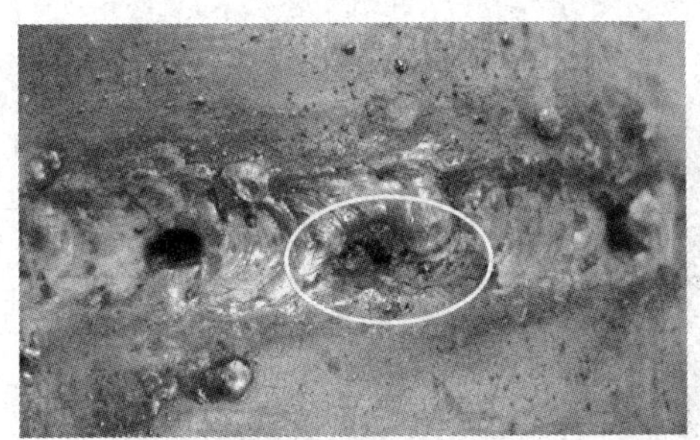
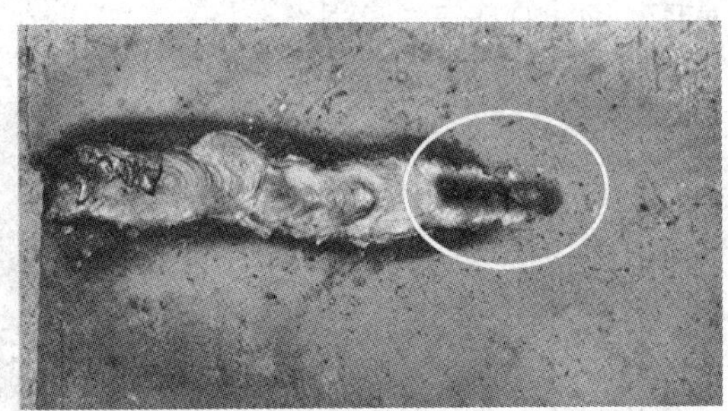

图 1-4-8　焊缝中的夹渣

产生夹渣的原因主要是焊件边缘及焊道、焊层之间清理不干净；焊接电流太小，焊接速度过快，使熔渣残留下来而来不及浮出；运条角度和运条方法不当，使熔渣和铁液分离不清，以致阻碍了熔渣上浮等。

9. 未焊透

未焊透是指焊接时接头根部未完全熔透的现象，如图 1-4-9 所示。根据未焊透产生的部位不同，可分为根部未焊透、边缘未焊透、中间未焊透和层间未焊透等。未焊透是一种比较严重的焊接缺欠，它使焊缝的强度降低，引起应力集中。因此，重要的焊接接头不允许存在未焊透。

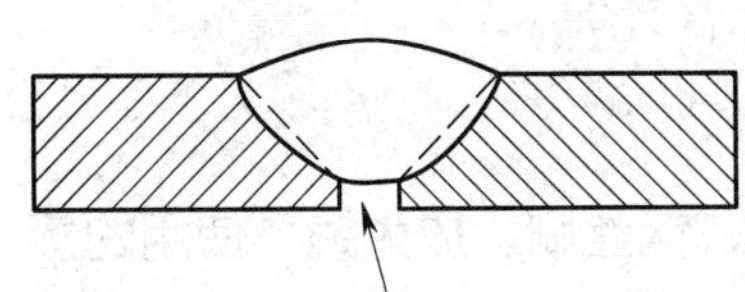
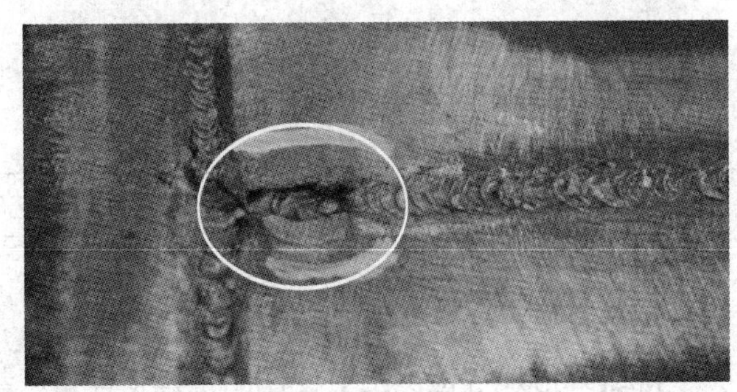

图 1-4-9　未焊透

产生未焊透的原因主要是焊接坡口钝边过大，坡口角度太小，装配间隙太小；焊接电流过小，焊接速度太快，使熔深浅，边缘未充分熔化；焊条角度不正确，电弧偏吹，使电弧热量偏于焊件一侧；层间或母材边缘的锈蚀、氧化皮和油污等未清理干净。

10. 未熔合

未熔合是指熔焊时焊道与母材之间或焊道与焊道之间未完全熔化结合的部分，如图 1-4-10 所示。

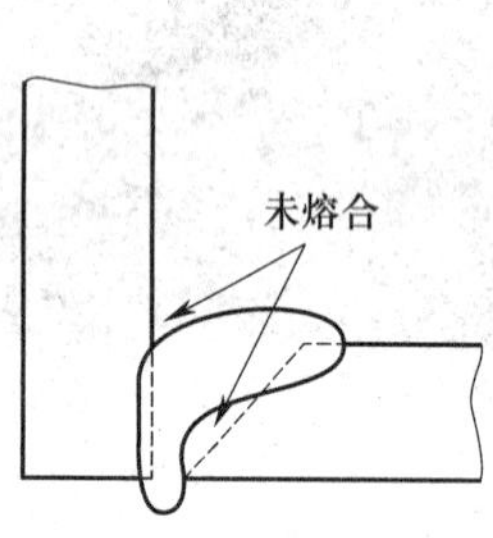

图 1-4-10 未熔合

未熔合直接降低了接头的力学性能，严重的未熔合会使焊接结构无法承载。

产生未熔合的原因主要是焊接热输入太低；焊条、焊丝或焊炬火焰偏于坡口一侧，使母材或前一层焊缝金属未得到充分熔化就被填充金属覆盖；坡口及层间清理不干净；单面焊双面成形焊接第一层时电弧燃烧时间短等。

三、焊缝外部缺欠的检测方法

焊缝外部缺欠检测主要通过目视、借助样板或低倍放大镜观察焊件，以发现表面缺欠及检测焊缝外形尺寸。

1. 焊缝外形尺寸的检测

焊缝外形尺寸的检测是按图样标注的尺寸或技术要求规定的尺寸对实物进行检测。其主要检测项目有焊缝的宽度、宽度差、余高、余高差等。

（1）常用工具和量具

焊缝外形尺寸检测主要使用的工具有锤子、錾子、钢丝刷、放大镜；使用的量具有钢直尺、游标卡尺、焊接检验尺等。常用工具、量具及其用途见表 1-4-1。焊接检验尺使用举例如图 1-4-11 所示。

表 1-4-1　常用工具、量具及其用途

名称	图示	用途
锤子	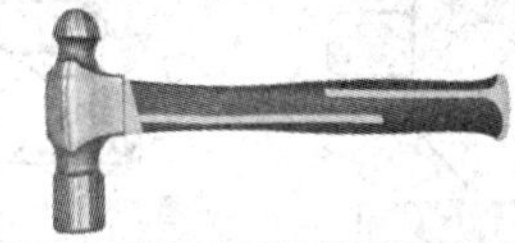	锤子与錾子配合使用，用于清理焊缝表面的飞溅物、焊渣等
錾子	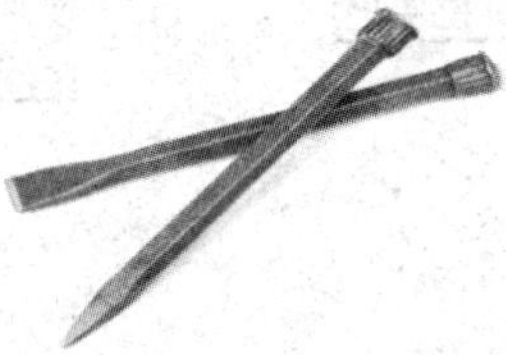	
放大镜		用于观察焊缝表面是否有微裂纹、气孔、未熔合、咬边等缺欠
钢直尺		用于测量焊缝的宽度、宽度差、焊缝长度等，可根据实际情况选择其中一种
游标卡尺	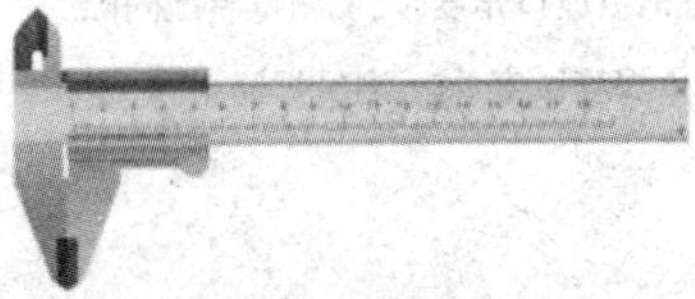	
焊接检验尺	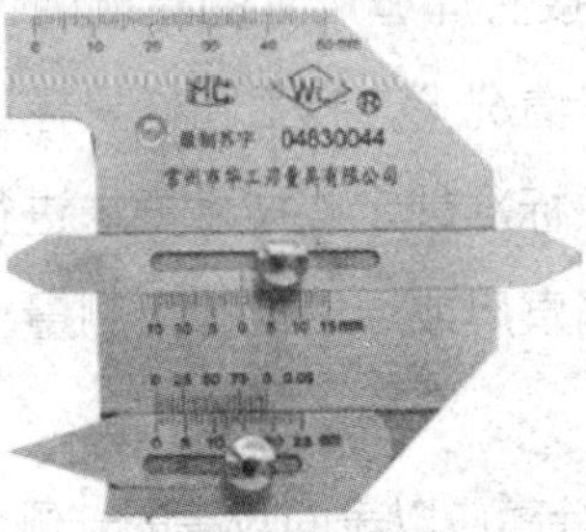	用于检测焊缝的咬边深度、余高、宽度、焊脚尺寸、角焊缝厚度、坡口角度、装配间隙等，功能较多
焊缝量规	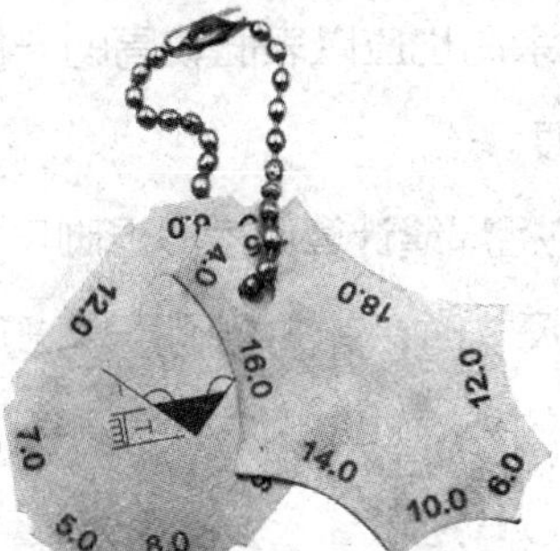	用于检测焊脚尺寸、焊缝宽度，操作简单、方便

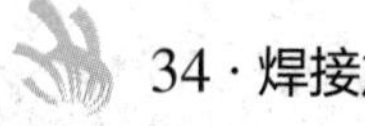

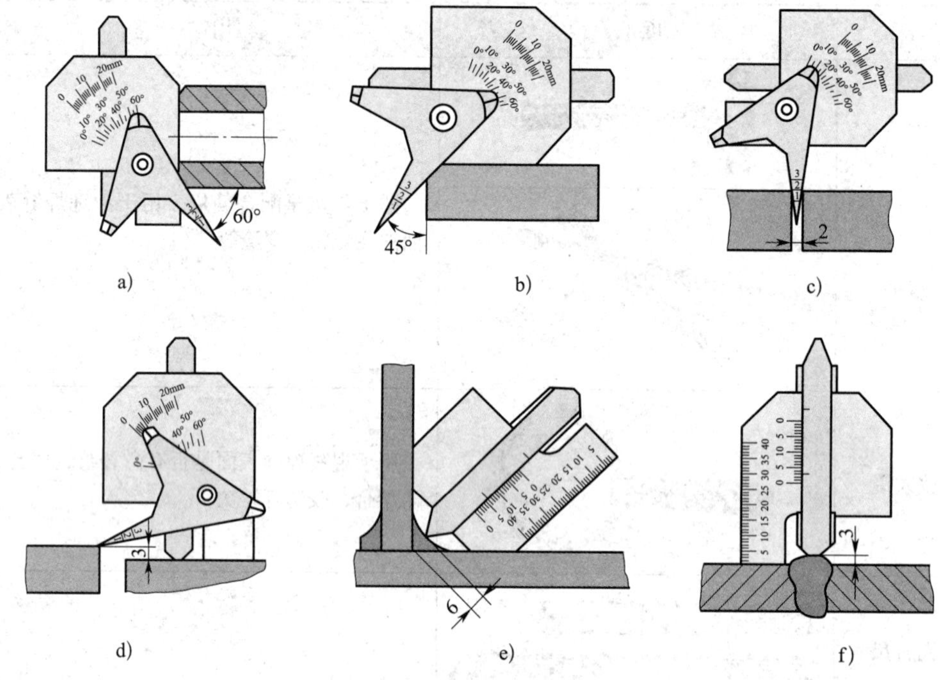

图 1-4-11　焊接检验尺使用举例

a）测量管子坡口角度　b）测量钢板坡口角度　c）测量装配间隙

d）测量焊件错边　e）测量角焊缝厚度　f）测量焊缝余高

（2）检测要点

1）对接接头焊缝尺寸的检测。对接接头焊缝尺寸的检测内容一般包括焊缝的宽度、宽度差、余高、余高差等，某些情况下，施工图样只标注坡口尺寸，不标注焊后尺寸要求，则焊缝尺寸应按有关标准规定或技术要求进行检测。检测对接接头焊缝尺寸的方法简单，可直接用钢直尺或焊接检验尺测量出焊缝的宽度和余高。

当组装焊件存在错边时，测量焊缝的余高应以表面较高的一侧母材为基准进行计算。当组装焊件厚度不同时，测量焊缝余高也应以表面较高的一侧母材为基准进行计算，或保证两母材之间焊缝呈圆滑过渡。

2）角焊缝尺寸的检测。角焊缝尺寸包括焊缝计算厚度、焊脚尺寸、凸度和凹度等，如图 1-4-12 所示。一般检测角焊缝尺寸时，首先要测量焊脚尺寸的大小和对称性，其次是焊缝的凹度和凸度；对其他的外观缺欠也应认真检测，如咬边、未焊透、夹渣等。

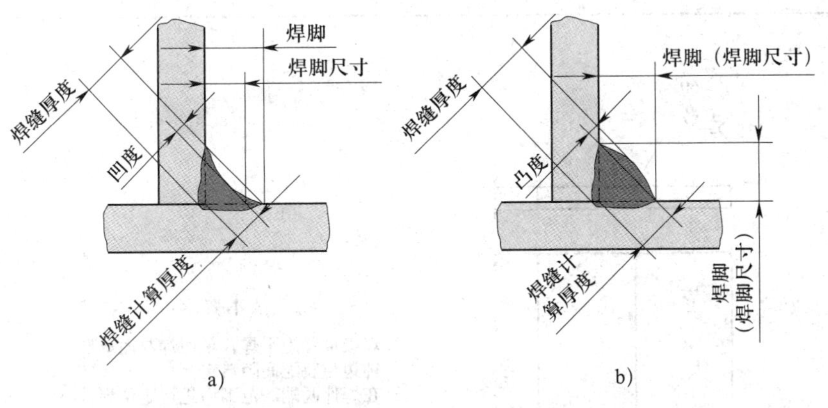

图 1-4-12　角焊缝尺寸

2. 焊缝表面缺欠的检测

检测焊缝表面缺欠时主要采用目视法，配合放大镜、焊接检验尺等工具，主要检测项目如下：

（1）焊后清理质量

用目视法检测所有焊缝及其边缘，应无焊渣、飞溅物及阻碍外观检查的附着物。

（2）焊接缺欠检验

用目视法检测焊缝是否有夹渣、焊瘤、烧穿等缺欠；用目视法配合放大镜检查焊缝是否有裂纹、气孔；用焊接检验尺检查咬边和咬边深度是否符合有关标准规定。

（3）几何形状检查

用目视法检查焊缝与母材连接处及焊缝形状和尺寸急剧变化部位。

四、技能操作

根据图 1-4-13 所示的中厚板平对接焊接图样的技术要求及表 1-4-2 所列的对接焊评分标准，对焊接完毕的焊缝外观质量进行检测，其中焊件两端各 20 mm 范围内不评分。

1. 图样分析

通过对图样及评分标准进行分析可知，焊缝主要检测外观质量，包括检测焊缝缺欠和外形尺寸（如余高、余高差、宽度、宽度差等）。

2. 检测工具和量具的准备

外观检测主要使用的工具有锤子、錾子、钢丝刷、放大镜；使用的量具有钢直尺、游标卡尺、焊接检验尺等。

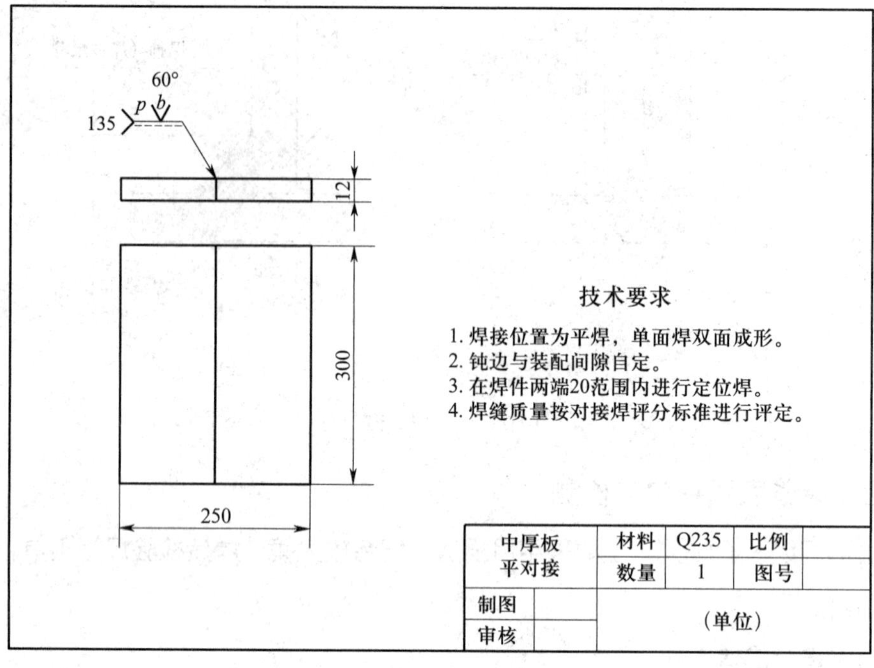

图 1-4-13　中厚板平对接焊接图样

表 1-4-2　对接焊评分标准

<table>
<tr><th rowspan="2">焊件外观</th><th rowspan="2">检查项目</th><th colspan="4">焊缝等级标准及配分</th><th rowspan="2">得分</th></tr>
<tr><th>Ⅰ</th><th>Ⅱ</th><th>Ⅲ</th><th>Ⅳ</th></tr>
<tr><td rowspan="10">正面</td><td rowspan="2">焊缝余高</td><td>0 ~ 2 mm</td><td>>2 mm，≤ 3 mm</td><td>>3 mm，≤ 4 mm</td><td>>4 mm，< 0</td><td></td></tr>
<tr><td>8 分</td><td>6 分</td><td>4 分</td><td>0 分</td><td></td></tr>
<tr><td rowspan="2">余高差</td><td>≤ 1 mm</td><td>>1 mm，≤ 2 mm</td><td>>2 mm，≤ 3 mm</td><td>>3 mm</td><td></td></tr>
<tr><td>5 分</td><td>3 分</td><td>1 分</td><td>0 分</td><td></td></tr>
<tr><td rowspan="2">焊缝宽度</td><td>17 ~ 18 mm</td><td>≥ 16 mm，
≤ 19 mm</td><td>≥ 15 mm，
≤ 20 mm</td><td><15 mm，
>20 mm</td><td></td></tr>
<tr><td>5 分</td><td>3 分</td><td>2 分</td><td>0 分</td><td></td></tr>
<tr><td rowspan="2">宽度差</td><td>≤ 1 mm</td><td>>1 mm，≤ 2 mm</td><td>>2 mm，≤ 3 mm</td><td>>3 mm</td><td></td></tr>
<tr><td>5 分</td><td>3 分</td><td>1 分</td><td>0 分</td><td></td></tr>
<tr><td rowspan="2">咬边</td><td>无咬边</td><td>深度≤ 0.5 mm
且长度≤ 15 mm</td><td>深度≤ 0.5 mm
且 15 mm < 长度
≤ 30 mm</td><td>深度 > 0.5 mm
或长度 > 30 mm</td><td></td></tr>
<tr><td>10 分</td><td>每 2 mm 扣 1 分，
最多扣 2 分</td><td>每 2 mm 扣 1 分，
最多扣 4 分</td><td>0 分</td><td></td></tr>
</table>

续表

焊件外观	检查项目	焊缝等级标准及配分				得分
		Ⅰ	Ⅱ	Ⅲ	Ⅳ	
正面	错边量	0	≤ 0.7 mm	> 0.7 mm，≤ 1.2 mm	> 1.2 mm	
		4 分	2 分	1 分	0 分	
	角变形	0 ~ 2 mm	> 2 mm，≤ 3 mm	> 3 mm，≤ 5 mm	> 5 mm	
		5 分	4 分	2 分	0 分	
	焊缝外表成形	优	良	一般	差	
		成形美观，鱼鳞均匀、细密，高低、宽窄一致	成形较好，鱼鳞均匀，焊缝平整	成形尚可，焊缝平直	焊缝弯曲，高低、宽窄不一致，有表面焊接缺欠	
		15 分	10 分	8 分	0 分	
背面	背面焊缝凹陷	0	> 0，≤ 1 mm	> 1 mm，≤ 2 mm	> 2 mm，< 0	
		4 分	2 分	1 分	0 分	
	背面焊缝凸起	0 ~ 1 mm	> 1 mm，≤ 2 mm	> 2 mm，≤ 3 mm	> 3 mm，< 0	
		4 分	3 分	2 分	0 分	
	咬边	无咬边，5 分；有咬边，0 分				
	气孔	无气孔，5 分；有气孔，0 分				
	未焊透	无未焊透，10 分；有未焊透，0 分				
	背面成形	优	良	一般	差	
		5	3	1	0	
安全文明生产		合格 10 分；违反操作规程，视情况扣 1 ~ 10 分				

3. 焊件的表面清理

检测焊缝前，利用錾子、钢丝刷等工具清理焊缝及焊缝附近的焊渣、飞溅物等，清理过程要保护焊缝的原始表面，不能破坏焊缝表面。

4. 检测步骤

对于焊缝的外观质量，根据表 1-4-2 所列的检查项目对焊缝进行逐项检测，并进行记录。

（1）检测焊缝余高及余高差

利用焊接检验尺检测焊缝的余高和余高差（焊缝最高处与最低处之差），如图 1-4-14a 所示，检测结果填入表 1-4-2 中。

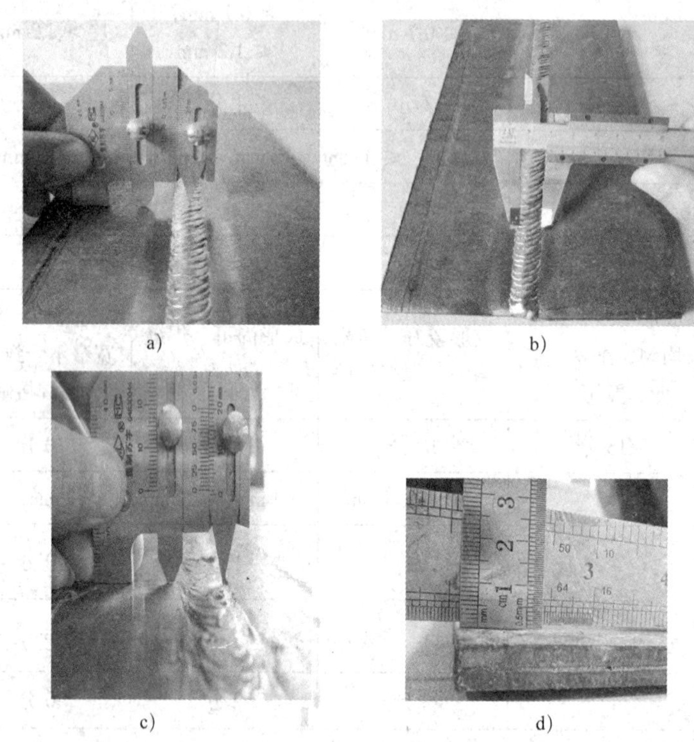

图 1-4-14　焊缝检测方法

a）检测焊缝余高　b）检测焊缝宽度　c）检测焊缝咬边深度　d）检测角变形

（2）检测焊缝宽度及宽度差

利用游标卡尺或钢直尺检测焊缝的宽度和宽度差（焊缝最宽处与最窄处之差），如图 1-4-14b 所示，检测结果填入表 1-4-2 中。

（3）检测焊缝的咬边长度和深度

用目视法检查焊缝是否有咬边，若有，则利用游标卡尺或钢直尺检测咬边的长度；用焊接检验尺检测咬边的深度，如图 1-4-14c 所示，检测结果填入表 1-4-2 中。

（4）检测焊缝背面的凹陷和凸起

利用焊接检验尺检测焊缝背面的凹陷和凸起，其检测方法与正面焊缝余高的检测一样。

（5）检测焊缝的错边量

利用钢直尺配合塞尺检测焊缝的错边量。

（6）检测焊件的角变形

利用两把钢直尺检测焊件的角变形，如图 1-4-14d 所示。

5. 记录及分析

检测结束后，认真记录，并在焊缝上标出存在问题的地方，以便返修时能清晰地看到。同时，根据检测结果，也可以分析存在的问题，以便改进焊接工艺。

世界技能大赛知识普及（1）

中国世赛之路

1．中国加入世界技能组织

2010年10月3日至10日，中国代表团一行6人赴牙买加首都金斯敦参加了世界技能组织召开的2010年世界技能组织全体大会（以下简称"大会"），大会于2010年10月7日表决通过，正式接纳中国加入世界技能组织，中国成为该组织的第53个成员。这一次世界技能组织全体大会对中国的技能发展具有里程碑意义。

时任人力资源和社会保障部国际合作司副司长戴晓初作为中国在世界技能组织的行政代表在大会上发言，详细介绍了我国职业培训制度及职业技能竞赛的相关情况，并从时任世界技能组织主席杰克·杜塞尔多普的手中接过了世界技能组织成员证书。谈及2010年牙买加会议的重要意义，时任人力资源和社会保障部副部长王晓初说，中国加入世界技能组织，参加世界技能竞赛，有利于我国学习借鉴世界各国促进技能培训和开展技能竞赛的经验，推动国内职业技能竞赛活动的开展，营造学习技能人才、尊重技能人才、争当技能人才的良好社会氛围。同时，参加世界技能竞赛，可以构建职业技术交流国际平台，为我国优秀技能人才展示才华绝技、展现技能成果创造条件，对宣传我国高技能人才工作和人力资源能力建设的成果，扩大我国在职业培训领域的影响力，培养造就具有国际水平的高技能人才队伍具有重要意义。

2．世界技能大赛中国组委会

我国加入世界技能组织后，为了做好我国参加世界技能大赛的组织管理工作，人力资源和社会保障部制定了《世界技能大赛参赛管理暂行办法》，设立了世界技能大赛中国组委会，对参赛工作进行指导。世界技能大赛中国组委会主任由人力资源和社会保障部副部长兼任，副主任由人力资源和社会保障部职业能力建设司、国际合作司主要负责同志兼任。组委会成员由财政部社会保障司，人力资源和社会保障部办公厅、规划财务司、职业能力建设司、国际合作司、人事司、宣传中心、中国就业培训技术指导中心、国际交流服务中心、中国职工教育和职业培训协会、中国人力资源和社会保障出版集团负责同志担任。世界技能大赛中国组委会设秘书处、对外工作组、技术支持组、保障服务组、新闻宣传组。

世界技能大赛中国组委会依托天津职业技术师范大学世界技能大赛中国研究中心开展技术理论研究和技术服务工作。正是因为我国在世界技能大赛组织管理工作方面做了如此精心的规划，所以，我国首次参加世界技能大赛，也就是2011年在英国伦敦举办的第41届世界技能大赛，就实现了奖牌零的突破。2015年在巴西圣保罗举办的第43届世界技能大赛上，我国代表团更是以精湛的技艺和出色的发挥实现了金牌零的突破，获得5金6银4铜和11个优胜奖的优异成绩。2017年，在阿联酋阿布扎比举办的第44届世界技能大赛上，我国在竞赛成绩上再次取得优异成绩，获得15金7银8铜和12个优胜奖，并斩获大赛唯一最高奖项——阿尔伯特·维达大奖。2019年，在俄罗斯喀山举办的第45届世界技能大赛上，又一次取得突破，取得了16金14银和17个优胜奖的历史最好成绩。中国上海还获得第46届世界技能大赛举办权。

3．中国参赛历程

虽然中国参加世界技能大赛起步比较晚，但在世界技能大赛中国组委会的有效组织和协调下，五次征战，次次有突破，累计获得36枚金牌、29枚银牌、20枚铜牌和58个优胜奖，以令人震撼的成绩向世界充分展现了“中国制造”的力量。世界技能大赛为中国的技能交流打开了世界之窗，推动了中国在技能教育、技能培训、技能研究和技能交流等方面的全面发展。

（1）首战伦敦

2011年10月，在英国伦敦举行的第41届世界技能大赛上，中国首次组团参加了6个项目的比赛，获得1枚银牌和5个优胜奖。

（2）挺进莱比锡

2013年7月，在德国莱比锡举行的第42届世界技能大赛上，中国代表团参加了22个项目的比赛，获得1枚银牌、3枚铜牌和13个优胜奖。

（3）圆梦巴西

2015年8月，在巴西圣保罗举行的第43届世界技能大赛上，中国代表团参加了29个项目的比赛，获得5枚金牌、6枚银牌、4枚铜牌和11个优胜奖，实现了金牌零的突破。

（4）技竞阿布扎比

2017年10月，在阿联酋阿布扎比举行的第44届世界技能大赛上，中国代表团参加了47个项目的比赛，获得15枚金牌、7枚银牌、8枚铜牌和12个优胜奖，金牌总数、奖牌总数和团体总分均位列第一，并斩获大赛唯一最高奖项——阿尔伯特·维达大奖，创造了我国参赛以来的最好成绩。

（5）征战喀山

2019年8月，在俄罗斯喀山举行的第45届世界技能大赛上，中国代表团参加了全部56个项目的比赛，获得16枚金牌、14枚银牌、5枚铜牌和17个优胜奖，金牌总数、奖牌总数和团体总分再次列第一，获得了历史最好成绩。

4．中国（上海）获得第46届世界技能大赛举办权

2017年10月13日，在阿联酋阿布扎比举行的世界技能组织全体成员大会一致决定，第46届世界技能大赛在中国上海举办。当地时间13日下午，在大会确定上海取得举办权前，国家主席习近平通过视频向大会致辞，代表中国政府和中国人民表达对上海市举办第46届世界技能大赛的坚定支持，承诺上海一定能为世界奉献一届富有新意、影响深远的世界技能大赛。习近平指出，世界技能大赛在中国举办，将有利于推动中国同各国在技能领域的交流互鉴，带动中国全国民众尤其是近2亿青少年关注、热爱、投身技能活动，让中国人民有机会为世界技能运动发展做出贡献。中国政府高度赞赏世界技能组织的发展宗旨，愿意积极参与各项活动，继续为全球减贫和可持续发展做出更大贡献。中国政府将全面兑现每一项承诺，全方位践行世界技能组织2025战略。

模块二

二氧化碳气体保护焊

课题 1
CO_2 气体保护焊设备的安装与调试

学习目标

1. 了解 CO_2 气体保护焊的原理、特点及应用。
2. 能认识 CO_2 气体保护焊所用设备及附件。
3. 能进行 CO_2 气体保护焊设备的安装与调试。

一、CO_2 气体保护焊的原理

CO_2 气体保护焊是用 CO_2 气体作为保护气体，依靠焊丝与焊件之间产生电弧熔化金属的气体保护焊方法，简称 CO_2 焊，其焊接过程如图 2-1-1 所示。焊接时，在焊丝与焊件之间产生电弧，焊丝自动送进，被电弧熔化形成熔滴，并进入熔池，CO_2 气体经喷嘴喷出，包围电弧和熔池，起着隔离空气和保护焊缝金属的作用。同时，CO_2 气体还参与冶金反应，在高温下的氧化性有助于减少焊缝中的氢气。

二、CO_2 气体保护焊的特点

1. 焊接成本低。CO_2 气体价廉易得，供应较充分，其成本只有埋弧焊和焊条电弧焊的 40% ~ 50%。

2. 生产效率高。CO_2 焊电流密度大，热量集中，电弧穿透力强，熔深大而且焊丝的熔化率高，熔敷速度快，焊后焊渣不需要清理，因此生产效率比焊条电弧焊提高 1 ~ 4 倍。

3. 使用范围广泛。CO_2 焊可以进行全位置焊接。焊接薄板时，不仅焊缝成形美观，焊接速度快，而且变形和应力小。

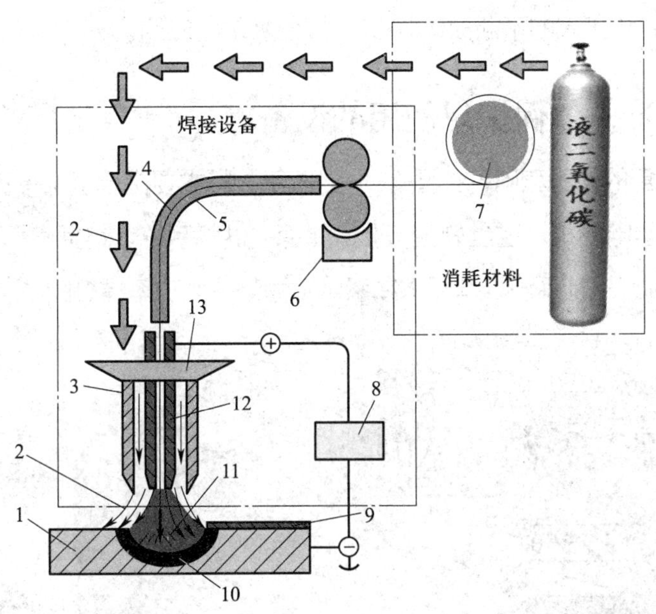

图 2-1-1 CO_2 焊焊接过程

1—焊件 2—CO_2 气体 3—喷嘴 4—焊丝 5—送丝软管 6—送丝机构 7—焊丝盘 8—焊接电源 9—焊缝 10—熔池 11—电弧 12—导电嘴 13—焊枪

4. 抗锈能力强。焊缝含氢量低，抗裂性好。

5. CO_2 焊是一种明弧焊接方法，电弧可见性好，易对准焊缝，焊接时便于监视及控制电弧和熔池。

6. CO_2 焊采用自动送丝，操作简单，容易掌握。

7. CO_2 焊焊接过程中金属飞溅物较多，焊缝外形较粗糙，特别是当焊接参数匹配不当时，飞溅就更严重。

8. 不能焊接易氧化的金属材料，也不适合在风速较大的地方施焊。

9. 焊接过程弧光较强，尤其是采用大电流焊接时，电弧的辐射更强，故要特别重视对操作人员的劳动保护。

10. 与焊条电弧焊相比，设备比较复杂，维护技术含量较高。

三、CO_2 气体保护焊的应用

CO_2 焊由于具有成本低、抗氢气孔能力强、适合薄板焊接、易进行全位置焊等优点，因此，广泛应用于低碳钢和低合金钢等黑色金属材料的焊接。对于不锈钢的焊接，因焊缝金属有增碳现象，影响抗晶间腐蚀性能，所以较少使用。对容易氧化的有色金属，如 Cu、Al、Ti 等，则不能应用 CO_2 气体保护焊。随着对 CO_2 气体保

护焊设备、材料和工艺的不断改进，CO_2 焊已被广泛应用。

四、CO_2 气体保护焊使用的设备

CO_2 焊使用的设备和附件如图 2-1-2 所示，其主要由焊机（焊接电源）、送丝机构（包括送丝电动机、送丝软管等）、焊枪、供气系统（包括气瓶、CO_2 减压流量计、气管等）、控制系统、循环水冷系统（为某些大功率焊机配备）等组成。

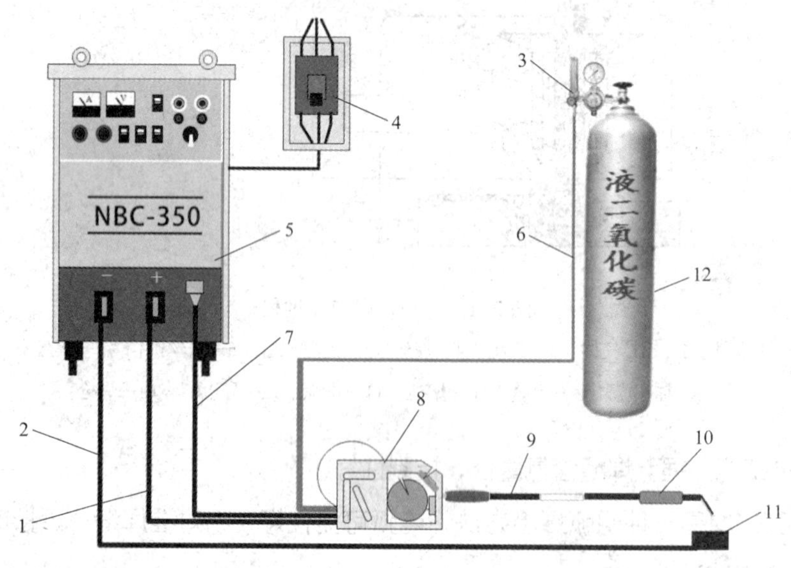

图 2-1-2　CO_2 焊使用的设备和附件

1—输出电缆　2—母材电缆（地线）　3—CO_2 减压流量计　4—配电盒　5—焊机　6—送气管　7—控制电缆　8—送丝机　9—焊枪电缆　10—焊枪　11—焊件　12—CO_2 气瓶

1. 焊机

CO_2 焊焊机采用交流电源时，电弧不稳定，飞溅较大，因此，CO_2 焊焊机一般采用直流电源，常见型号有 NBC-200、NBC-300、NBC-350 等，如图 2-1-3 所示，焊机型号及含义见表 2-1-1，具体型号编制方法参见国家标准《电焊机型号编制方法》（GB/T 10249—2010）。

例如，在焊机型号 NBC-350 中，N 表示熔化极气体保护焊，B 表示半自动焊，C 表示 CO_2 焊，350 表示额定焊接电流为 350 A。

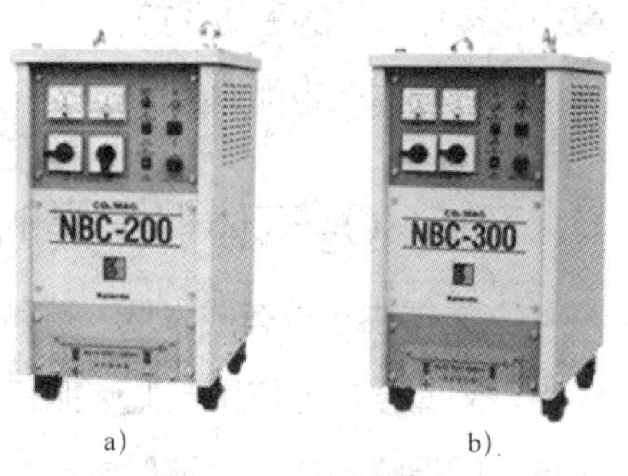

a)　b)

图 2-1-3　CO_2 焊焊机

a）NBC-200 型焊机　b）NBC-300 型焊机

表 2-1-1　CO_2 焊焊机型号及含义

第一位		第二位		第三位		第四位		数字
字母	含义	字母	含义	字母	含义	数字	含义	
N	MIG/MAG 焊机（熔化极惰性 / 活性气体保护弧焊机）	B	半自动焊	省略	直流	省略	焊车式	额定焊接电流 /A
		Z	自动焊			1	全位置焊车式	
		D	点焊	M	脉冲	2	横臂式	
		U	堆焊			3	机床式	
		G	切割	C	二氧化碳保护焊	4	旋转焊头式	

2. 送丝系统

送丝系统是焊接过程中传输焊丝的机构，它主要由送丝机（包括电动机、减速器、压丝滚轮架和送丝滚轮）、送丝软管、焊丝盘等组成，如图 2-1-4 所示为推丝式送丝机的结构及名称。

图 2-1-4　推丝式送丝机的结构及名称

1—送丝软管　2—压丝手柄　3—电流调节旋钮（送丝速度调节旋钮）　4—手动送丝按键　5—电压调节旋钮　6—焊丝盘　7—电动机　8—送丝滚轮　9—压丝滚轮架

3. 供气系统

如图 2-1-5 所示，CO_2 供气系统由气瓶、CO_2 减压流量计、气管和电磁气阀组成，必要时可加装干燥器。通常将预热器、减压器、流量计作为一体，叫作 CO_2 减压流量计（通常属于焊机的标准随机配件）。

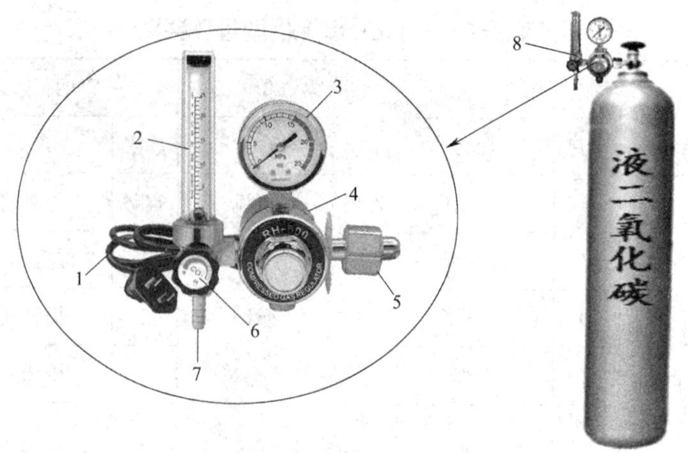

图 2-1-5　CO_2 供气系统

1—预热器电源线　2—流量计　3—气压表　4—减压及预热器　5—连接气瓶螺母

6—流量计旋钮　7—气管接头　8—CO_2 减压流量计

（1）预热器

预热器一般采用电热式，其作用是防止液态 CO_2 转化为气态的过程中因水分冻结而堵塞气路。

（2）干燥器

干燥器用于吸收 CO_2 中的水分和杂质，以保证焊接质量。

（3）气压表

气压表用于显示气瓶内气体的压力。

（4）流量计

流量计用于调节及测量保护气体的流量。

4. 焊枪

焊枪的主要作用是传导焊接电流、导送焊丝及输送 CO_2 气体，它是焊工直接操作的工具。它由喷嘴、分流器、导电嘴、弯头、手柄和弹簧送丝软管等组成。如图 2-1-6 所示为用于推丝式送丝的鹅颈式焊枪及其附件。

五、技能操作

新购买焊机或变换焊接地点时，需要对焊机接电及进行各附件的安装，焊机的一次侧电源线（220 V 或 380 V）由持证电工进行连接，二次侧电源线及各附件的安装则由焊工自行完成。表 2-1-2 所列为 CO_2 焊焊机的主要附件，现要求将其与焊机连接起来，形成完整的 CO_2 焊系统，并进行焊接调试，以保证设备能正常使用。

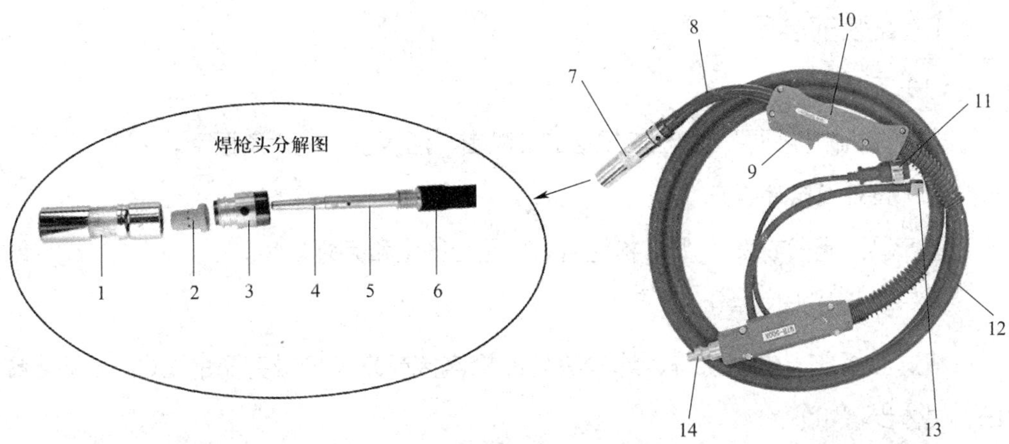

图 2-1-6 鹅颈式焊枪及其附件

1—喷嘴 2—分流器 3—绝缘套 4—导电嘴 5—连接杆 6—鹅颈管 7—焊枪头 8—弯头 9—控制开关 10—手柄 11—控制电缆插头 12——体化焊枪电缆 13—气管插头 14—焊枪插头

表 2-1-2 CO_2 焊设备附件

附件名称	图示	附件名称	图示
CO_2 气瓶		送丝机及电缆	
CO_2 减压流量计		焊枪	
气管		接地线	

1. 安装前准备

（1）工具准备

安装焊机附件需要准备相应规格的尖嘴钳、活扳手、内六角扳手。

（2）设备及附件检查

按产品说明书或表 2-1-2 检查各附件是否齐全和完好。

2. 安装步骤

将送丝系统、供气系统、焊枪等与焊机连接起来，形成完整的 CO_2 焊焊接系统，具体步骤如下：

（1）由持证电工安装焊机一次侧电源线及接地线。

（2）焊机各附件安装步骤见表 2-1-3。

表 2-1-3　焊机各附件安装步骤

安装步骤	图示（安装前）	安装说明	图示（安装后）
1. 焊枪与送丝机的安装	1—气管接头　2—控制电缆插座 3—焊枪接口　4—控制电缆插头 5—气管插头　6—焊枪插头	将焊枪上的气管插头、控制电缆插头分别插入送丝机正面对应的插口中并拧紧，焊枪插头接入焊枪接口后，用内六角扳手拧紧紧固螺栓	
2. 送丝机组件与焊机的安装	1—输出电缆接口　2—控制电缆插座 3—输出电缆插头　4—控制电缆插头	（1）将送丝机上的控制电缆插头插入焊机的控制电缆插座中并拧紧 （2）将送丝机上的输出电缆插头插入焊机的输出电缆接口中并拧紧	

续表

安装步骤	图示（安装前）	安装说明	图示（安装后）
3. 气管与减压流量计、送丝机的安装	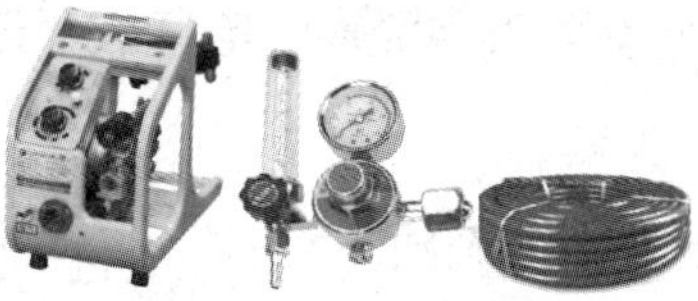	通过气管连接 CO_2 减压流量计与送丝机，气管长度根据需要自定，安装中主要保证不漏气	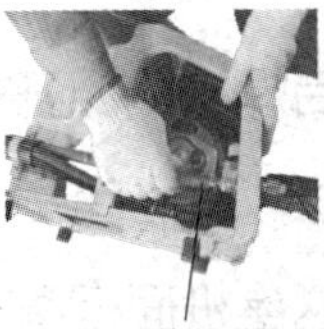 将气管接到送丝机端 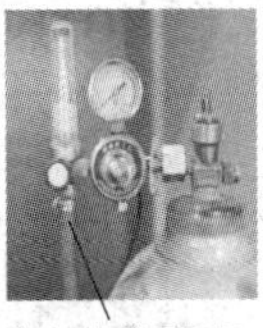 将气管接到 CO_2 减压流量计端
4. CO_2 减压流量计与气瓶、焊机的安装	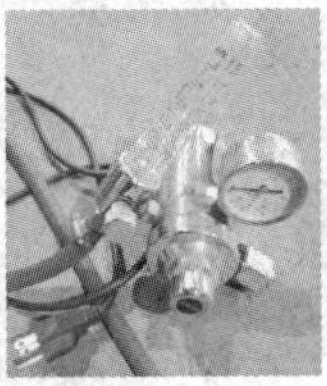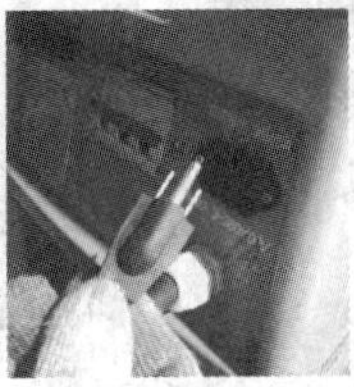	（1）将 CO_2 减压流量计安装到气瓶上，注意将气压表的表面装正，以便于观察 （2）将 CO_2 减压流量计预热器电源插头插入焊机后面“36 V/5 A”的插口中	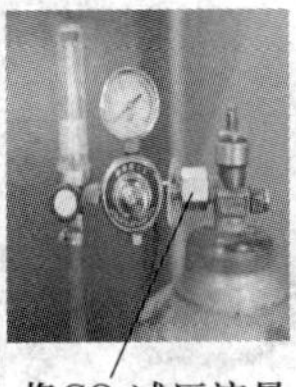 将 CO_2 减压流量计安装到气瓶上 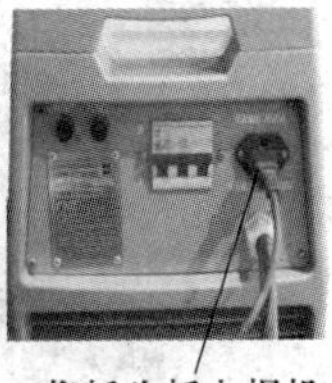 将插头插入焊机后面的插口中
5. 接地线与焊机的安装	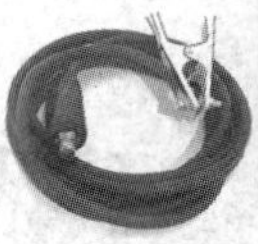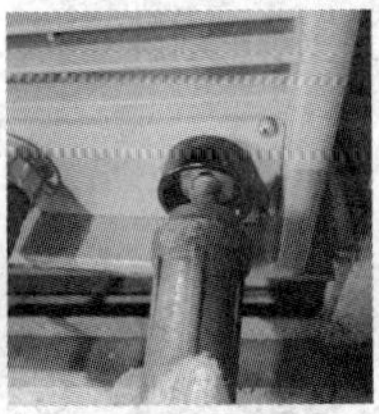	将接地线的快速插头插入焊机的负极（反接法）并拧紧	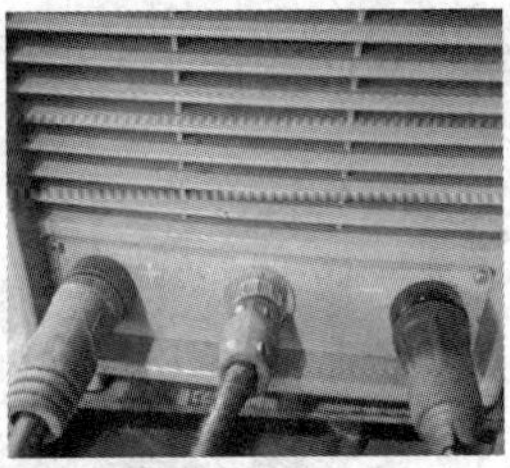
6. 焊枪配件的安装	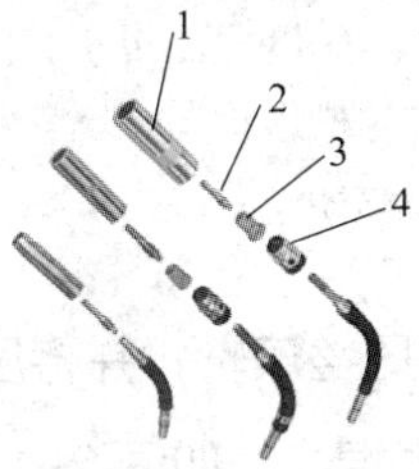 1—喷嘴 2—导电嘴 3—分流器 4—绝缘套	将绝缘套、分流器、导电嘴、喷嘴依次安装到焊枪的鹅颈管枪头上	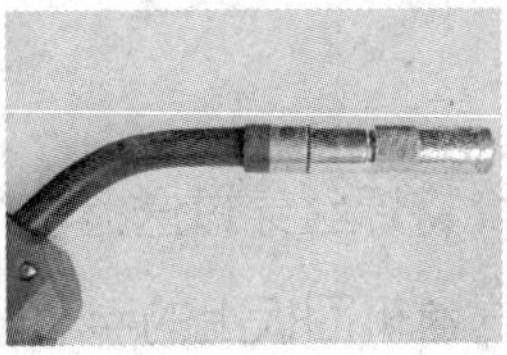

3. 调试设备

焊机与各附件安装完毕，应开机进行试焊，以检查设备是否运转正常，具体步骤如下：

（1）开启焊机电源开关及气瓶阀门，观察焊机电流表、电压表显示是否正常，风扇是否转动，是否有漏气现象等。

（2）在送丝机面板调节焊接电流和电压，将电流预调为 120 ~ 140 A、电压为 18 ~ 20 V，如图 2-1-7 所示。

图 2-1-7　预调电流和电压

1—电压调节旋钮　2—电流调节旋钮

（3）安装焊丝时，应注意送丝轮的轮槽与焊丝直径对应，如用直径为 1.2 mm 的焊丝，对应的轮槽大小选 1.2 mm 的，送丝轮的标记和轮槽形状如图 2-1-8 所示。

a)

b)

图 2-1-8　送丝轮的标记与轮槽形状

a）送丝轮的标记　b）轮槽形状

将焊丝穿过送丝轮，进入送丝软管后，放下压丝滚轮，并将压丝手柄压下，按下送丝机面板上的手动送丝按键，即可将焊丝送至焊枪，如图 2-1-9 所示。

（4）根据预调的参数，在引弧板上试焊，通过听声音、观察焊缝成形、查看焊机面板显示是否正常等综合判断设备是否正常，正常的设备方可投入使用。

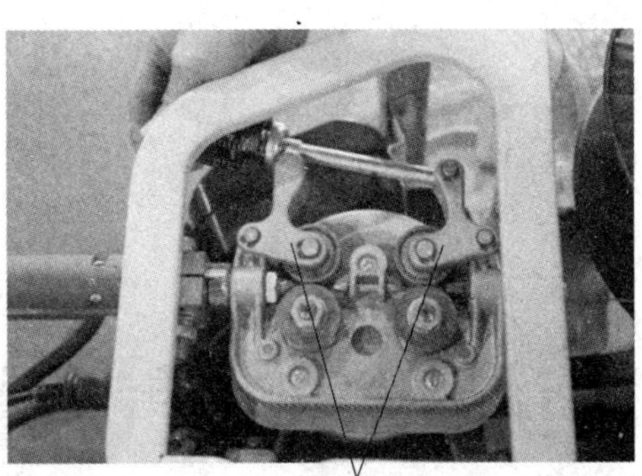

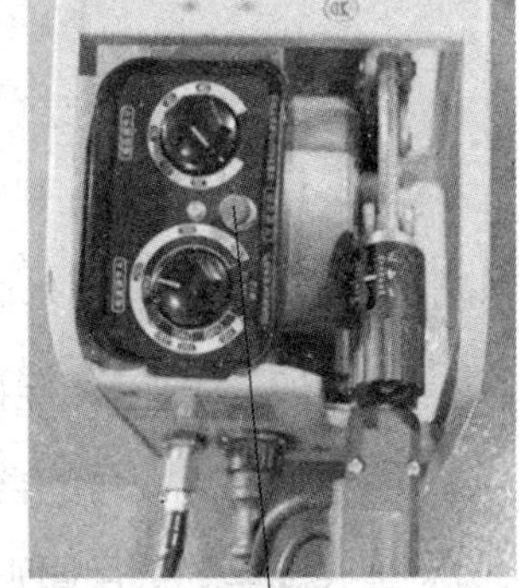

图 2-1-9　焊丝的安装

课题 2
认识 CO_2 气体保护焊焊接材料

学习目标

1. 了解 CO_2 气体的性质，并能识别二氧化碳气瓶。
2. 能认识 CO_2 气体保护焊实心焊丝和药芯焊丝。
3. 能看懂焊丝型号的含义。
4. 掌握焊丝的选用原则。

CO_2 焊所用的焊接材料是 CO_2 气体和焊丝。

一、CO_2 气体保护焊使用的气体

CO_2 焊焊接碳钢时主要采用的气体为 CO_2 气体。

1. CO_2 气体性质

CO_2 是氧化性保护气体，液态 CO_2 是无色液体，其密度随温度不同而变化，工业用 CO_2 都是液态，常温下即可汽化。在 0 ℃和 101.3 kPa 大气压下，1 kg 液态 CO_2 可汽化为 509 L 气态 CO_2。使用液态 CO_2 经济、方便，焊接用 CO_2 气体的纯度（体积分数）应大于 99.5%。

2. CO_2 气瓶

CO_2 气瓶是储存 CO_2 气体的容器，瓶体表面漆成铝白色，并漆有“液二氧化碳”黑色字样，如图 2-2-1a 所示。一个容积为 40 L 的标准钢瓶可装入 25 kg 的液态 CO_2（按容积的 80% 计），剩余约 20% 的空间则充满了汽化的 CO_2，气瓶中的液态 CO_2 汽化成气态 CO_2 需要吸收热量，因此，CO_2 气瓶在使用时需要配预热

器（见图 2-2-1b）。CO_2 气瓶压力的大小与环境温度有关，温度升高，压力增大。只有当气瓶内液态 CO_2 全部挥发成气体后，瓶内的气压才会随 CO_2 气体的消耗而逐渐下降。

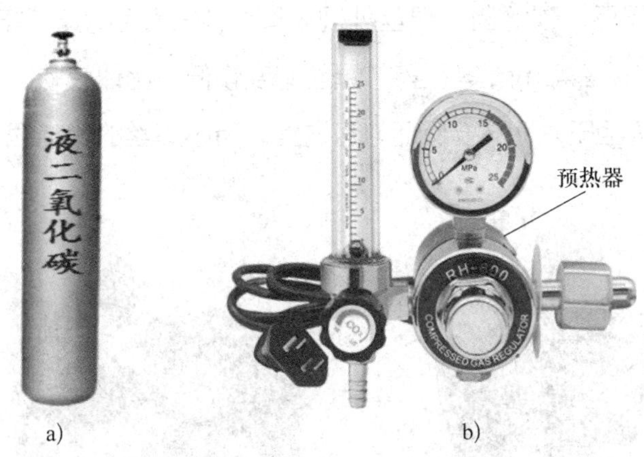

图 2-2-1　CO_2 气瓶与预热器

a）CO_2 气瓶　b）CO_2 预热器

二、CO_2 气体保护焊使用的焊丝

1. 焊丝的分类

焊丝按制造方法可分为实心焊丝和药芯焊丝两大类；按焊接工艺方法可分为埋弧焊焊丝、电渣焊焊丝、堆焊焊丝和气焊焊丝等；按被焊材料的性质又可分为碳钢焊丝、低合金钢焊丝、不锈钢焊丝、铸铁焊丝和有色金属焊丝等，这里主要介绍焊接碳钢的实心焊丝和药芯焊丝。

（1）实心焊丝

实心焊丝是指由热轧线材经拉拔加工而成的，产量大而合金元素含量少的碳钢及低合金钢线材。为了防止焊丝生锈，除不锈钢焊丝外都要进行表面处理。目前主要是镀铜处理，包括电镀、浸铜及化学镀铜等方法，焊丝直径多为 0.8 mm、1.0 mm、1.2 mm、1.6 mm 等。常用实心焊丝有 H08MnMoA、H08Mn2MoA、H10MnSi、H11MnSi2A、H30CrMnSi 等，焊丝外观如图 2-2-2a 所示。

（2）药芯焊丝

药芯焊丝又称管状焊丝，它与实心焊丝的区别主要在于焊丝内部装有焊剂混合物。焊接时在电弧热作用下，熔化状态的焊剂材料、焊丝金属、母材金属和保护气体相互之间发生冶金作用，同时形成一层较薄的液态熔渣包覆熔滴并覆盖熔池，又对熔化金属形成一层保护，实际上这种焊接方法是一种气渣联合保护方法，焊剂成分与焊条药皮类似，含有稳弧剂、脱氧剂、造渣剂和铁合金等，起着造渣保护熔池、渗合金、稳弧等作用。碳钢药芯焊丝外观如图 2-2-2b 所示，其直径有 1.2 mm、1.6 mm、2.0 mm、2.4 mm 等。药芯焊丝刚度较低，丝体较软，对送丝机构要求严格，既要降低送丝压力，又要保证匀速送丝。药芯焊丝的优点很多，主要有以下几个方面：

a)

b)

图 2-2-2　焊丝外观
a）实心焊丝　b）药芯焊丝

1）飞溅小。由于药芯焊丝中加入了稳弧剂，电弧燃烧稳定，熔滴呈滴状均匀过渡，故焊接时飞溅很少，且飞溅颗粒细小，在钢板上粘不住，很容易清除。

2）焊缝成形美观。在焊道成形方面，熔渣起着重要作用。用实心焊丝施焊时无法依靠熔渣起作用，仅依靠熔融金属自身的黏性和表面张力形成焊道，故表面形状不良。用药芯焊丝焊接时，能形成一定数量的熔渣，依靠渣的表面张力生成一个软的铸型，这个铸型对形成良好的焊道起着重要作用。

3）熔敷速度高于实心焊丝。采用药芯焊丝焊接时，由于焊丝断面上通电部分的面积比实心焊丝小，在同样的焊接电流下药芯焊丝的电流密度高，焊丝熔化速度快，熔敷速度提高。

4）可采用大电流进行全位置焊接。在各种焊接位置下，药芯焊丝均可采用较大的焊接电流，如 ϕ1.2 mm 的焊丝，其电流可用到 280 A，这时仍能顺利地实现向下立焊，可称为其独到之处。

2. 焊丝牌号及型号的编制

焊丝主要包括实心焊丝、药芯焊丝、有色金属及铸铁焊丝等，其牌号编制方法简介如下：

（1）实心焊丝的牌号与型号

1）实心焊丝的牌号。根据国家标准《熔化焊用钢丝》（GB/T 14957—1994）的规定，实心焊丝牌号中字母“H”表示焊丝；“H”后的一位或两位数字表示含碳量；化学元素符号及其后的数字表示该元素的近似含量，当某合金元素的含量低于1% 时，可省略数字，只记元素符号；尾部标有“A”或“E”时，分别表示“优质品”或“高级优质品”，表明硫、磷等杂质含量更低。

焊丝牌号示例如图 2-2-3 所示。

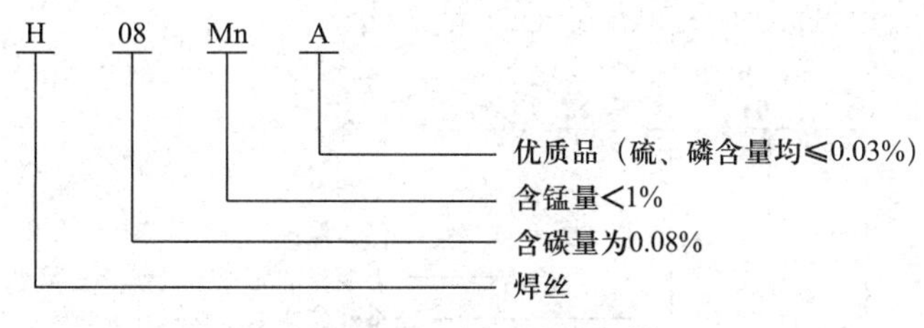

图 2-2-3　焊丝牌号示例

2）实心焊丝的型号。根据国家标准《气体保护电弧焊用碳钢、低合金钢焊丝》（GB/T 8110—2008[①]）的规定，焊丝型号由三部分组成，第一部分用字母“ER”表示焊丝；第二部分两位数字表示焊丝熔敷金属的最低抗拉强度；第三部分为短划“-”后面的字母或数字，表示焊丝化学成分代号。根据供需双方协商，可在型号后附加扩散氢代号 H15、H10 或 H5。常用的碳钢焊丝有 ER49-1、ER50-6，其牌号、型号对应见表 2-2-1，焊丝型号示例如图 2-2-4 所示。

表 2-2-1　常用的碳钢焊丝牌号、型号对应

焊丝牌号	焊丝型号	用途
H08MnSi2A	ER49-1	焊接低碳钢及某些低合金钢
H11MnSi2A	ER50-6	焊接碳钢及 500 MPa 级的船舶、桥梁等结构用钢

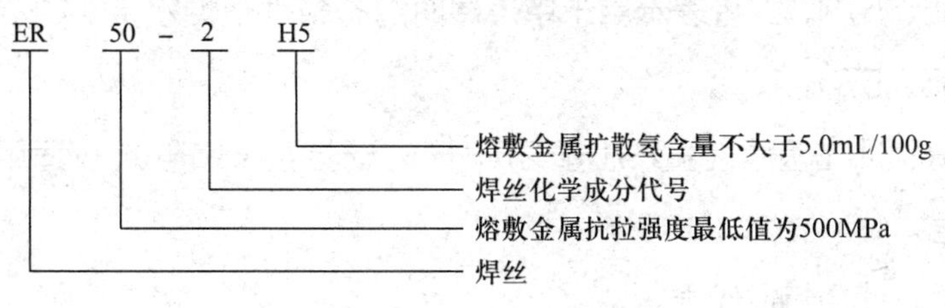

图 2-2-4　焊丝型号示例

① 现国家标准 GB/T 8110—2008 已更新至 GB/T 8110—2020（2021 年 6 月 1 日起实施），标准名变为《熔化极气体保护电弧焊用非合金钢及细晶粒钢实心焊丝》，考虑到教学中的实用性，本书暂不修改。

（2）药芯焊丝的牌号与型号

1）药芯焊丝的牌号　药芯焊丝的牌号表示方法如下：

①以“药”字汉语拼音首字母“Y”放首位，表示药芯焊丝。

②第二个字母及其后的三位数字与焊条牌号编制方法相同。

③在短划“-”后的数字表示焊接时的保护方法，其中 1 表示气体保护，2 表示自保护，3 表示气体保护、自保护两用，4 表示其他保护形式。

④牌号后加注起主要作用的元素符号或主要用途的字母（一般不超过两个）。

药芯焊丝牌号标注示例如图 2-2-5 所示。

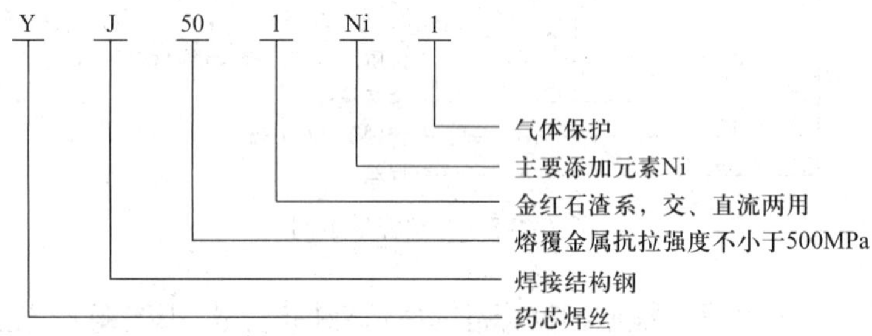

图 2-2-5　药芯焊丝牌号标注示例

2）药芯焊丝的型号。根据国家标准《非合金钢及细晶粒钢药芯焊丝》（GB/T 10045—2018）的规定，非合金钢及细晶粒钢焊丝型号按力学性能、使用特性、焊接位置、保护气体类型、焊后状态和熔敷金属化学成分划分。仅适用于单道焊的焊丝，其型号划分中不包括焊后状态和熔敷金属化学成分。该标准适用于最小抗拉强度不大于 570 MPa 的气体保护焊和自保护电弧焊用药芯焊丝。

焊丝型号由以下八部分组成：

第一部分：字母 T 表示药芯焊丝。

第二部分：用于多道焊时焊态或焊后热处理条件下熔敷金属的抗拉强度代号（43、49、55、57）。或者表示用于单道焊时焊态条件下焊接接头的抗拉强度代号（43、49、55、57）。

第三部分：冲击吸收能量不小于 27 J 时的试验温度代号。 仅适用于单道焊的焊丝无此代号。

第四部分：使用特性代号。

第五部分：焊接位置代号。0 表示平焊、平角焊，1 表示全位置焊。

第六部分：保护气体类型代号，自保护为 N，仅适用于单道焊的焊丝在该代号后添加字母 S。

第七部分：焊后状态代号。其中 A 表示焊态，P 表示焊后热处理状态，AP 表示焊态和焊后热处理两种状态均可。

第八部分：熔敷金属化学成分分类。

除以上强制代号外，可在其后依次附加可选代号，例如，字母 U 表示在规定的试验温度下冲击吸收能量应不小于 47 J；扩散氢代号 HX，其中 X 可为数字 15、10 或 5，分别表示每 100 g 熔敷金属中扩散氢含量最大值（mL）。

药芯焊丝型号标注示例如图 2-2-6 所示。

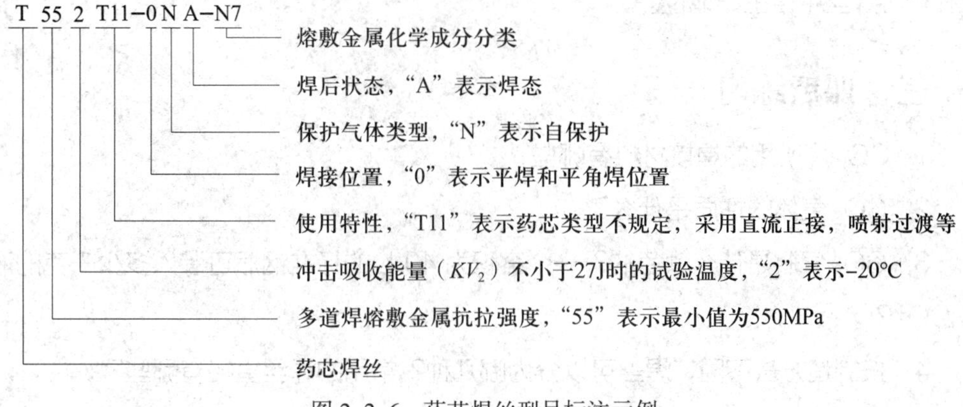

图 2-2-6　药芯焊丝型号标注示例

3. 焊丝的选用原则

（1）碳钢和低合金钢实心焊丝的选用原则

1）首先考虑焊缝金属力学性能与焊件母材相近或相等原则，焊缝金属的化学成分与焊件母材化学成分是否相同则放在次要考虑。

2）焊接拘束度大的焊接结构时，为防止产生焊接裂纹，可采用低匹配原则，即选用焊缝金属的强度稍低于焊件母材的强度。

3）按等强度要求选用焊丝时，应充分考虑焊件的板厚、接头形式、坡口形状、焊缝的分布及焊接热输入等因素对焊缝金属力学性能的影响。

4）焊接中碳调质钢时，在严格控制焊缝金属中硫、磷等杂质含量的同时，还应确保焊缝金属主要合金成分与母材合金成分相近，以保证焊后进行调质处理时焊缝金属的力学性能与母材一致。

5）焊接两种强度等级不同的母材时，应根据强度等级低的母材选择焊丝，焊缝的塑性应不低于较低塑性的母材。

（2）碳钢和低合金钢药芯焊丝的选用原则

药芯焊丝主要按酸碱性进行选择。用碱性药芯焊丝焊接的焊缝金属塑性、韧性和抗裂性好，碱性熔渣相对流动性较好，便于焊接熔池、熔渣之间气体的逸出，减小焊缝产生气孔的倾向；不足之处是焊缝呈凸形，飞溅较大，不容易实现全位置焊接，焊接过程容易造成未熔合等缺欠。

钛型药芯焊丝又称金红石型焊丝，这种焊丝属于酸性渣系，熔渣流动性好，凝固温度范围很小，适用于全位置焊接，焊接过程中电弧稳定，焊丝熔滴为喷射过渡，大大提高了药芯焊丝的力学性能，特别是焊缝金属的低温韧性。因此，钛型药芯焊丝在药芯焊丝中占主导地位。

三、课后练习

1. CO_2 焊所用的焊接材料有哪些？

2. CO_2 气体的性质是什么？

3. CO_2 气瓶是什么颜色的？一个容积为 40 L 的标准钢瓶可装入多少千克的液态 CO_2？

4. 按制造方法不同，焊丝可以分为哪几种？常用的焊丝直径有哪些？

5. 焊丝表面镀铜的主要作用是什么？

6. 焊丝型号 ER50-6 中字母和数字分别表示什么含义？

7. 碳钢及低合金钢实心焊丝的选用原则有哪些？

课题 3
CO_2 气体保护焊平敷焊

学习目标

1. 了解练习平敷焊的目的。
2. 熟悉 CO_2 焊焊机面板各按键的功能和用途。
3. 能进行平敷焊操作，焊缝质量达到要求。
4. 能进行焊缝质量检测。

一、平敷焊简介

平敷焊是指焊件处于水平位置时，在焊件表面堆敷焊道的一种操作方法。其目的是初学者练习焊缝成形的最基本的方法，包括焊接基本操作姿势、焊枪角度、焊接设备的基本调节等。平敷焊是初学者必须掌握的 项基本技能，也是为后续的学习打下良好基础的技能。

二、CO_2 焊焊机面板按键功能简介

常用 CO_2 焊焊机面板按键主要包括焊丝直径、气体检查、收弧电流和电压调节、一元等。各厂家不同，焊机面板按键标注有所不同（见图 2-3-1），但功能大致相同，下面以 NB-350 型和 NBC-350Ⅲ型两种焊机面板为例分别对各按键功能进行说明。

1. “检气”或“气检”

焊接前打开气瓶阀门后，切换焊机面板上面的“检气”或“气检”按键，可用于检查或调节 CO_2 气体流量。

a）

b）

图 2-3-1　CO_2 焊焊机面板按键

a）NB-350 型　b）NBC-350 Ⅲ型

2. “ϕ0.8”“ϕ1.0”和“ϕ1.2”

用于选择焊丝直径，根据实际使用的焊丝直径进行选择。

3. “收弧无 / 收弧有”或“二步 / 四步”

当切换到“收弧无”或“二步”时，焊接过程中要始终按住焊枪上面的电源开关才能焊接。当切换到“收弧有”或“四步”时，有两种功能，一是自动送丝功能，即按一下焊枪上面的电源开关，焊丝送出，接触焊件引弧；松开电源开关，自动送丝进行焊接。二是收弧功能，即焊到焊缝收尾处时，按紧焊枪上面的电源开关，从焊接电流、电压切换到收弧时的电流、电压，以实现填弧坑功能。

4. “收弧电流”和“收弧电压”

当焊机切换到“收弧有”或“四步”时，收弧功能起作用，可调节收弧时的电流和电压，以便于收弧时填弧坑。

5. “分别”和“一元”

当切换到“分别”时，焊接电流和电压分别调节；当切换到“一元”时，调节好焊接电流，焊接电压自动匹配。

6.“药芯”和“实心”

根据实际使用的焊丝切换到“药芯”或“实心”。

三、CO_2 气体保护焊焊接工艺

1. 焊接基本操作姿势

焊接基本操作姿势有蹲姿、坐姿和站姿，如图 2-3-2 所示。

a）

b）

c）

图 2-3-2　焊接基本操作姿势

a）蹲姿　b）坐姿　c）站姿

2. 焊接方向

CO_2 焊焊接时，操作者右手握焊枪，由右至左焊接，焊枪喷嘴与焊接方向成钝角（>90°）称为左向焊法；由左至右焊接，焊枪喷嘴与焊接方向成锐角（<90°）称为右向焊法。如图 2-3-3 所示为左向焊法与右向焊法示意图。

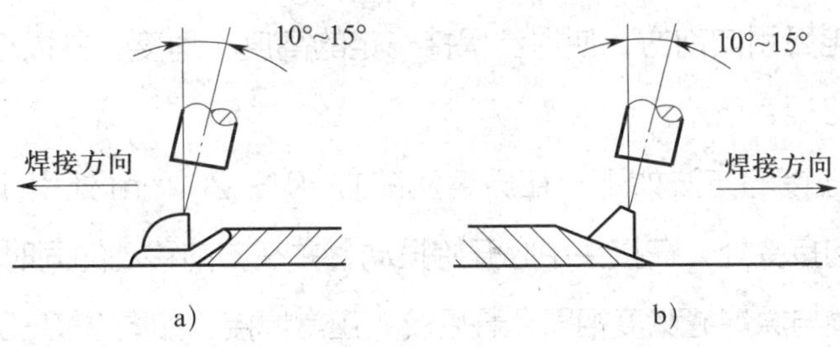

图 2-3-3　焊接方向

a）左向焊法　b）右向焊法

（1）左向焊法

采用左向焊法时可以清楚地观察焊缝，不易焊偏，焊接时电弧大部分作用在熔

池上，在相同的焊接电流、电弧电压、焊接速度条件下，焊缝宽度较大，余高较低，熔深较浅。一般用于薄板、窄焊缝的焊接。

（2）右向焊法

采用右向焊法时熔池可见度及气体保护都较好，焊缝成形美观，但在焊接时焊枪容易阻挡操作者的视线，操作困难，容易焊偏。焊接时电弧大部分直接作用在焊件上，在相同的焊接电流、电弧电压、焊接速度条件下，焊缝宽度较小，余高、熔深均较大。一般用于厚板的焊接。

3. 摆动焊接

在 CO_2 焊时，为了获得较宽的焊缝，往往采用横向摆动运丝方式，常用的摆动方式有锯齿形、月牙形、正三角形、斜圆圈形等几种，如图 2-3-4 所示。

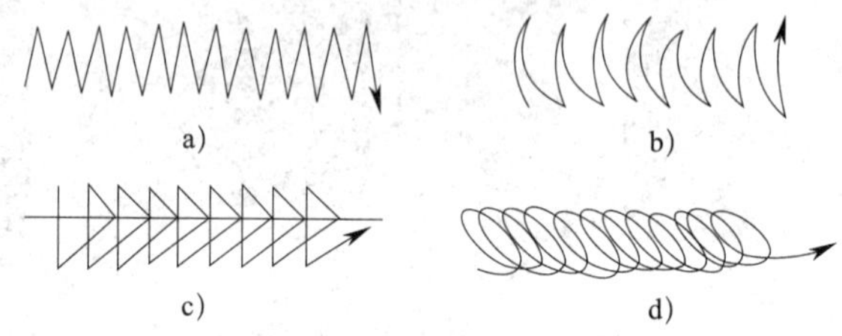

图 2-3-4 焊枪的几种摆动方式

a）锯齿形 b）月牙形 c）正三角形 d）斜圆圈形

4. 接头连接

由于某些原因，焊接过程可能会出现中断现象；停止焊接后，焊缝的收尾处会出现弧坑；重新焊接时，需要把接头接好。直线焊缝连接的方法如下：在原熔池前方 10 ~ 20 mm 处引弧，然后迅速将电弧引向原熔池中心，待熔化金属与原熔池边缘熔合后再将电弧引向前方，使焊丝保持一定的高度和角度，并以稳定的速度向前移动，如图 2-3-5a 所示。

摆动焊接连接的方法如下：在原熔池前方 10 ~ 20 mm 处引弧，然后以直线方式将电弧引向接头处，在接头中心开始摆动，并在向前移动的同时逐渐加大摆幅，保持形成的焊缝与原焊缝宽度相同，最后转入正常焊接，如图 2-3-5b 所示。

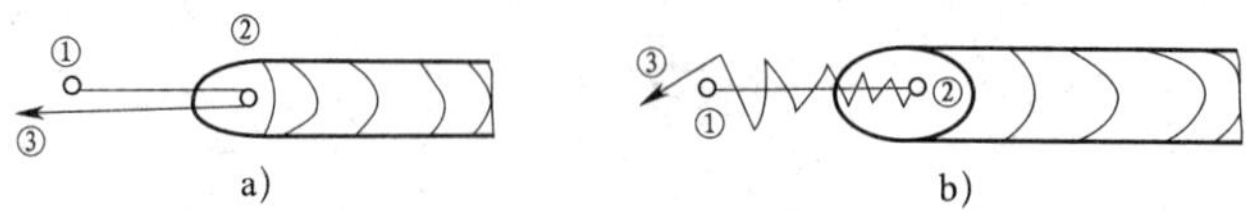

图 2-3-5 焊缝接头连接的方法

a）直线焊缝连接 b）摆动焊接连接

5. 收尾

焊接时若收尾过快，易在弧坑处产生弧坑裂纹及气孔，如焊接电流与送丝同时停止，会将焊丝粘住。因此，在收尾时应在弧坑处稍做停留，然后慢慢抬起焊枪，使熔敷金属填满弧坑后再熄弧；或使用焊机的收弧功能进行收弧。

6. 焊丝伸出长度

焊丝伸出长度（又称干伸长度）是指从导电嘴到焊丝端部的距离，一般约等于焊丝直径的 10 倍，且不超过 20 mm。在焊接过程中，保持焊丝伸出长度不变是保证焊接过程稳定性的重要因素之一，焊丝伸出长度过长时气体保护效果不好，易产生气孔，引弧性能差，电弧不稳定，飞溅加大，熔深变浅，成形变差；焊丝伸出长度过短时看不清电弧，喷嘴易被飞溅物堵塞，飞溅大，熔深变深，焊丝易与导电嘴粘连。焊接电流一定时，焊丝伸出长度的增加会使焊丝熔化速度加快，但电弧电压下降，电流降低，电弧热量减少。焊丝伸出长度对焊缝成形的影响如图 2-3-6 所示。

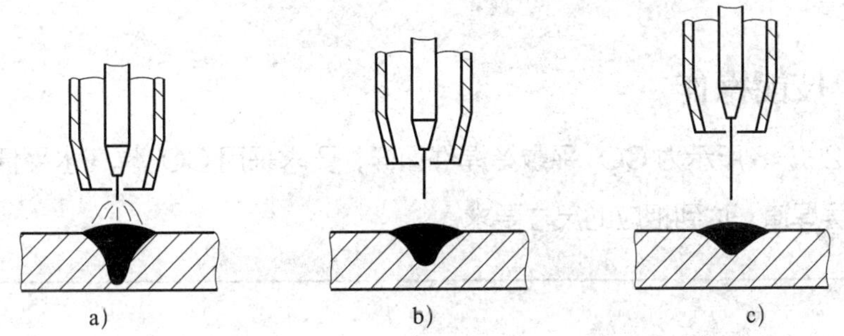

图 2-3-6 焊丝伸出长度对焊缝成形的影响

a）焊丝伸出长度较短 b）焊丝伸出长度较长 c）焊丝伸出长度过长

7. 气体流量

气体流量过小则电弧不稳定，焊缝表面易被氧化成深褐色，并有密集气孔；气体流量过大，会产生涡流，焊缝表面呈浅褐色，也会出现气孔。CO_2 气体流量与焊接电流、焊丝伸出长度、焊接速度等均有关系。通常细丝焊接时，气体流量为 5 ~ 15 L/min；粗丝焊接时，气体流量为 20 ~ 30 L/min。

8. 电源极性

为了减小飞溅，保持焊接电弧稳定，一般应选用直流反接（即焊件接焊机的负极）。

9. 焊枪倾斜角

CO_2 焊焊接时，焊枪可倾斜一定的角度，以方便观察熔池。焊枪后倾时，焊缝宽度较大，余高较低，熔深较浅；焊枪垂直时，焊缝宽度较小，熔深较大；焊枪前倾时，焊缝宽度较小，余高、熔深均较大。焊枪倾斜角对焊缝成形的影响如图 2-3-7 所示，当焊枪倾斜角小于 10°时，不论是前倾还是后倾，对焊接过程及焊缝成形都没有影响。

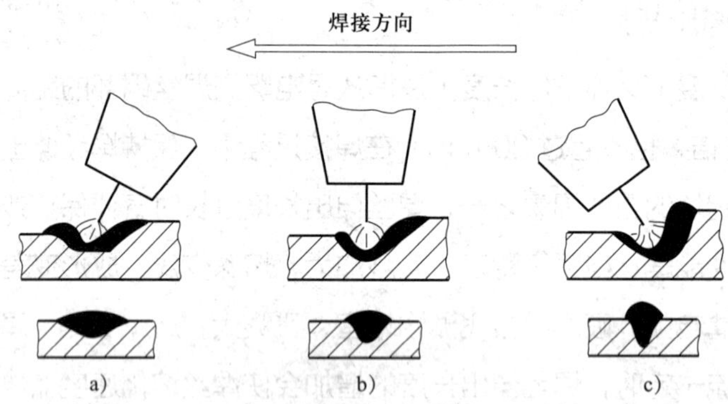

图 2-3-7　焊枪倾斜角对焊缝成形的影响
a）焊枪后倾　b）焊枪垂直　c）焊枪前倾

四、技能操作

如图 2-3-8 所示为 CO_2 平敷焊焊件图样，要求采用 CO_2 焊在水平低碳钢钢板上堆敷一层焊道，达到相应的尺寸要求。

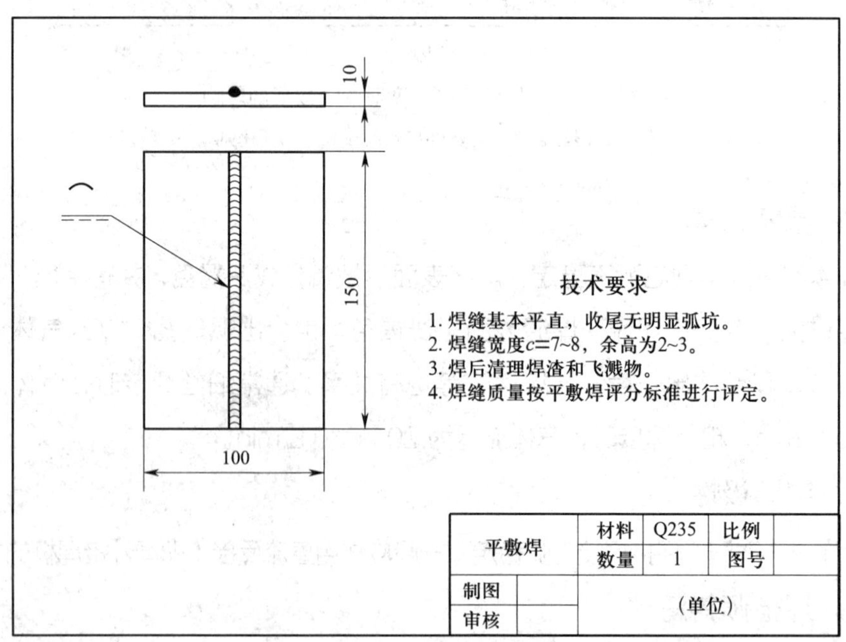

图 2-3-8　平敷焊焊件图样

1. 图样分析

平敷焊焊件可采用焊条电弧焊、CO_2 焊、氩弧焊等方法进行焊接。本课题要求采用 CO_2 焊进行焊接，焊件材料为 Q235 钢，焊后要求焊缝平直，焊缝宽度为 7 ~ 8 mm，焊缝余高为 2 ~ 3 mm，焊后清理焊渣和飞溅物。

2. 焊前准备

（1）准备焊接设备

根据现有条件选择焊接设备，本课题选用 NBC-350Ⅲ型半自动 CO_2 焊焊机。

（2）准备辅助工具

准备錾子、钢丝刷、尖嘴钳、焊接防护面罩等。

（3）准备画线工具及量具

准备钢直尺、石笔、焊接检验尺、游标卡尺等。

（4）准备焊件

焊件材料为 Q235 钢，尺寸为 100 mm × 150 mm × 10 mm。用钢丝刷将焊件表面的污物和氧化皮清理干净，使待焊处露出金属光泽，在钢板上用石笔画一条线，作为焊接时的运丝轨迹线。

（5）准备焊接材料

选用 ER50-6 型焊丝，直径为 1.2 mm，CO_2 气体纯度≥ 99.5%。

3. 选择焊接参数

焊接参数见表 2-3-1。

表 2-3-1　焊接参数

焊道层次	焊丝直径 / mm	焊接电流 / A	电弧电压 / V	焊丝伸出长度 / mm	气体流量 /（L/min）	电源极性
表面焊缝	1.2	130 ~ 150	18 ~ 22	10 ~ 15	10 ~ 15	直流反接

4. 焊接操作方法与步骤

（1）做好劳动保护工作

操作者穿戴好焊接防护用品，包括工作服、焊工防护手套、安全防护鞋、焊接防护面罩等，焊接防护如图 2-3-9 所示。

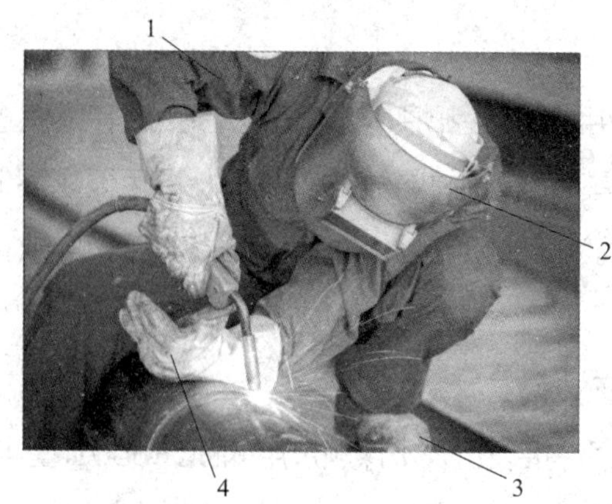

图 2-3-9　焊接防护

1—工作服　2—焊接防护面罩　3—安全防护鞋　4—焊工防护手套

（2）设备的检查与调试

焊机通电前，先检查焊机电源线是否有脱落或老化开裂现象，其次检查焊机二次侧电源线安装是否牢固可靠，确保设备安全可靠。

1）开启焊机电源及调节 CO_2 气体流量。CO_2 气体流量的大小根据焊接参数、焊接速度、喷嘴高度等综合进行选择。气体流量太小，保护效果差，容易出现焊接气孔；反之则造成浪费，可通过焊接试验对比后进行选择。

将焊接电源开启后，打开气瓶主阀门，按下焊机面板上的“气检”按键，调节减压流量计上的旋钮，将气体流量调节为 15 L/min，至此，气体流量调节完毕，如图 2-3-10 所示。

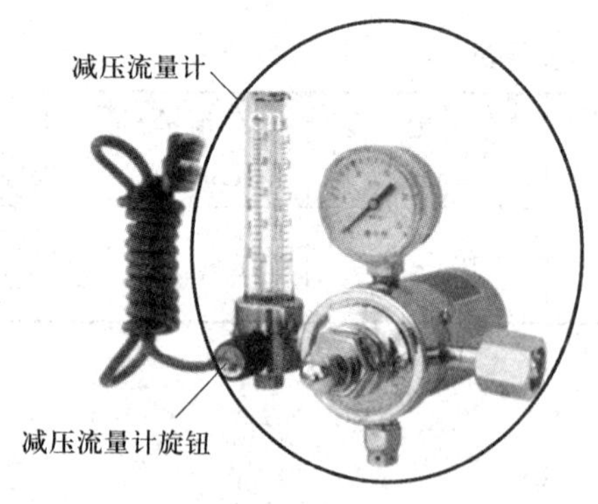

图 2-3-10　调节 CO_2 气体流量

2）调节焊接电流及电压。CO_2 焊焊接电流根据焊件厚度、焊丝直径、施焊位置及熔滴过渡形式等确定。焊接电流及电压的调节旋钮在送丝机面板上，如图 2-3-11

所示。按焊接参数要求，将焊接电流调至 130 A，焊接电压调至 18 V，调好的焊接参数显示在焊机面板上，如图 2-3-12 所示。

图 2-3-11　送丝机面板上的电流和电压调节旋钮

1—电压调节旋钮　2—电流调节旋钮

图 2-3-12　面板上显示的焊接电流和电压值

（3）焊接操作

1）清理喷嘴及剪掉过长的焊丝。焊接前，检查焊枪喷嘴是否有飞溅物堵塞，如果有，则先用尖嘴钳清理喷嘴内的飞溅物。检查焊丝伸出长度是否合适，若太长，则用尖嘴钳剪去多余部分，保持焊丝伸出长度为 10 ~ 15 mm，如图 2-3-13 所示。

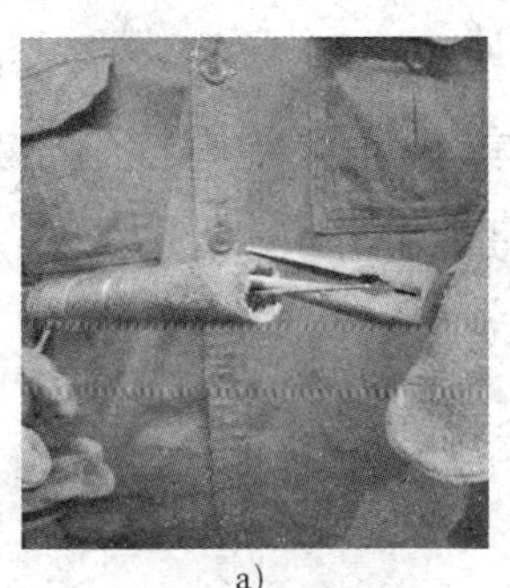

a)

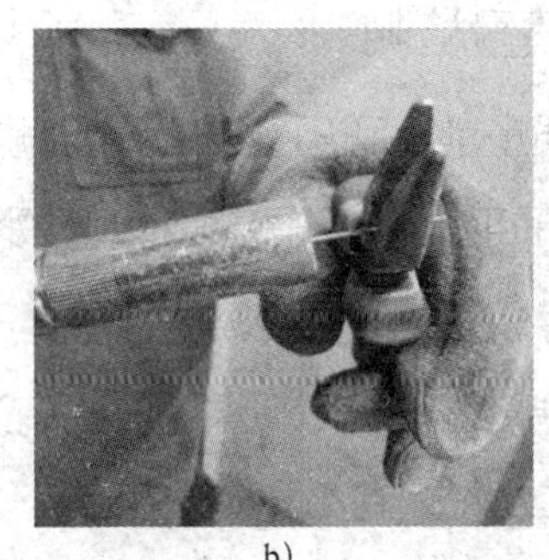

b)

图 2-3-13　检查喷嘴及焊丝伸出长度

a）清理喷嘴内的飞溅物　b）剪掉多余的焊丝

2）焊接操作过程。焊接操作姿势如图 2-3-14 所示，采用左向焊法（即从右往左进行焊接），焊接时将焊丝对准起焊处（焊丝不接触焊件，离开 3 ~ 5 mm），按下焊枪手柄上的控制开关，焊丝送出，与焊件接触形成短路，电弧被点燃，引弧成功后以均匀的速度往焊接方向移动焊枪，焊至结束点，完成整个焊缝的焊接。为了保证焊接质量，在焊接过程应注意以下几点：

①保持正确的焊枪角度，焊枪后倾角为 75° ~ 80°，与焊件两侧夹角为 90°，如图 2-3-14 所示。

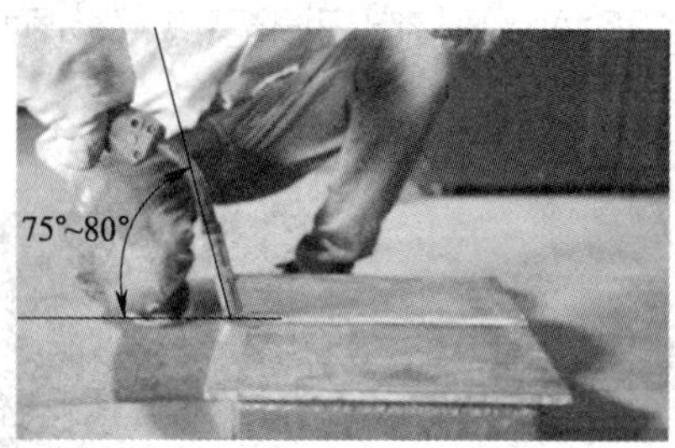

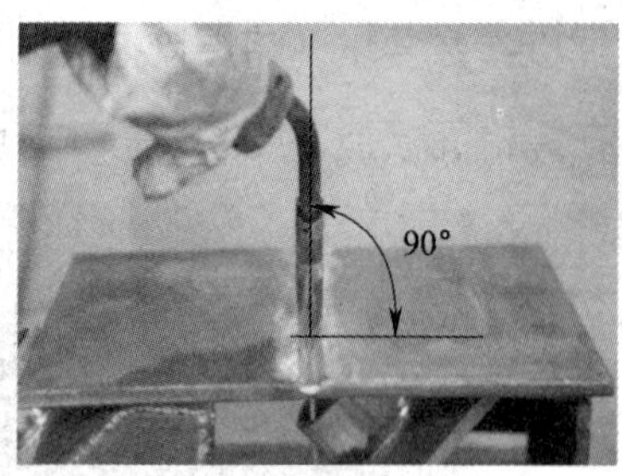

图 2-3-14 焊接操作姿势及焊枪角度

②保持一致的焊丝伸出长度，伸出长度控制为 10 ~ 15 mm。

③保持均匀的焊接速度。

④收尾处稍做停留，以填满弧坑（也可用焊机的收弧功能填弧坑）。

⑤焊接后若焊缝宽度达不到要求，则可加入摆动焊接，采用月牙形或锯齿形摆动方式。

（4）焊接结束

焊接结束，关闭焊机电源、气瓶阀门、流量计旋钮，将地线、焊枪、气管等归位，清扫工位，擦拭焊机。

5. 焊缝质量检测

检测焊缝质量前，利用錾子、钢丝刷将焊缝表面及周边的飞溅物清理干净。按表 2-3-2 所列的平敷焊评分标准对焊缝外观质量进行检测。

（1）利用游标卡尺或钢直尺测量焊缝宽度及宽度差。

（2）利用焊接检验尺测量焊缝的余高及余高差。

（3）利用焊接检验尺测量焊缝咬边。

（4）利用目测法检查焊缝的直线度。

表 2-3-2 平敷焊评分标准

焊件外观	检查项目	焊缝等级标准及配分				得分
		Ⅰ	Ⅱ	Ⅲ	Ⅳ	
正面	焊缝余高	2 ~ 3 mm	>3 mm，≤ 4 mm	<2 mm	>4 mm，<1 mm	
		15 分	12 分	10 分	0 分	
	余高差	≤ 1 mm	>1 mm，≤ 2 mm	>2 mm，≤ 3 mm	>3 mm	
		15 分	12 分	10 分	0 分	

续表

焊件外观	检查项目	焊缝等级标准及配分				得分
		Ⅰ	Ⅱ	Ⅲ	Ⅳ	
正面	焊缝宽度	7 ~ 8 mm	≥ 6 mm，≤ 9 mm	≥ 5 mm，≤ 10 mm	<5 mm，>10 mm	
		15 分	12 分	10 分	0 分	
	宽度差	≤ 1.5 mm	>1.5 mm，≤ 2 mm	>2 mm，≤ 3 mm	>3 mm	
		15 分	12 分	10 分	0 分	
	咬边	0	深度≤ 0.5 mm 且长度≤ 15 mm	深度≤ 0.5 mm 且 15 mm< 长度≤ 30 mm	深度 >0.5 mm 或长度 >30 mm	
		15 分	12 分	10 分	0 分	
	焊缝外表成形	优	良	一般	差	
		成形美观，鱼鳞均匀、细密，高低、宽窄一致	成形较好，鱼鳞均匀，焊缝平整	成形尚可，焊缝平直	焊缝弯曲，高低、宽窄不一致，有表面焊接缺欠	
		15 分	10 分	8 分	0 分	
安全文明生产		合格 10 分；违反操作规程，视情况扣 1 ~ 10 分				

课题 4
CO_2 气体保护焊薄板对接焊

学习目标

1. 了解薄板焊接的特点及方法。
2. 了解 CO_2 焊熔滴过渡的特点及应用。
3. 能进行薄板的焊接，焊缝质量达到要求。
4. 能进行焊缝质量的检测。

一、薄板对接焊技术

1. 薄板焊接的特点

薄板厚度通常为 1 ~ 6 mm，焊接时容易烧穿或产生变形，如图 2-4-1 所示，两者都是因为焊接温度控制不当所致，因此，焊接时除了采用热量集中的热源（如 CO_2 焊、手工钨极氩弧焊等）外，还应采用较小的焊接电流、合适的焊接速度、熟练的焊接手法等。

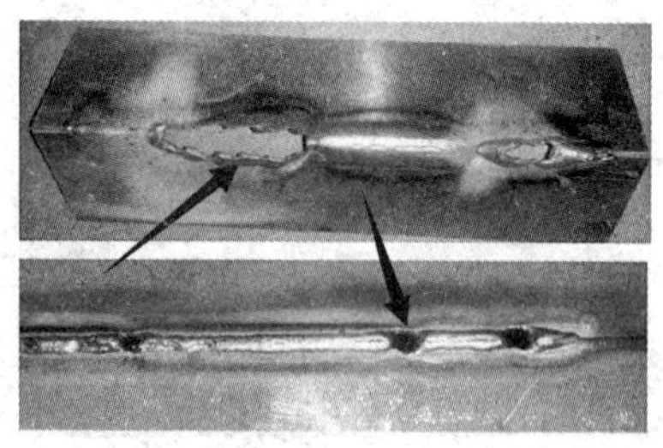

a）

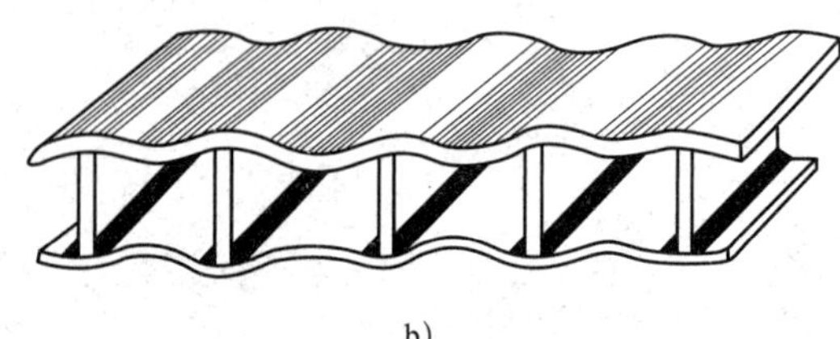

b）

图 2-4-1 烧穿和变形

a）烧穿 b）变形

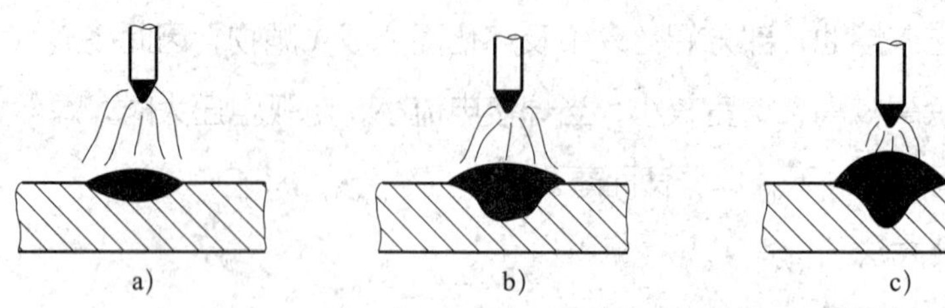

图 2-4-4　焊接电流对焊缝成形的影响

a）$I_{小}$　b）$I_{中}$　c）$I_{大}$

表 2-4-1　焊丝直径与焊接电流的关系

焊丝直径 /mm	短路过渡		颗粒过渡	
	电流 /A	电压 /V	电流 /A	电压 /V
0.8	50 ~ 100	18 ~ 21	150 ~ 250	23 ~ 32
1.0	70 ~ 120	18 ~ 22	150 ~ 300	24 ~ 35
1.2	90 ~ 150	18 ~ 23	160 ~ 400	25 ~ 38
1.6	140 ~ 200	20 ~ 24	200 ~ 500	26 ~ 40

2. 电弧电压的选择

电弧电压提供熔化焊丝的能量，电弧电压越高，焊丝熔化速度越快，焊缝熔宽越宽，如图 2-4-5 所示。电压偏低时焊丝送入母材中来不及熔化，会导致飞溅增加，焊道变窄，熔深和余高大。为保证焊接过程的稳定性和良好的焊缝成形，电弧电压必须与焊接电流配合适当，具体可通过试焊法、经验公式法、“一元”调节等获得合适的电弧电压。

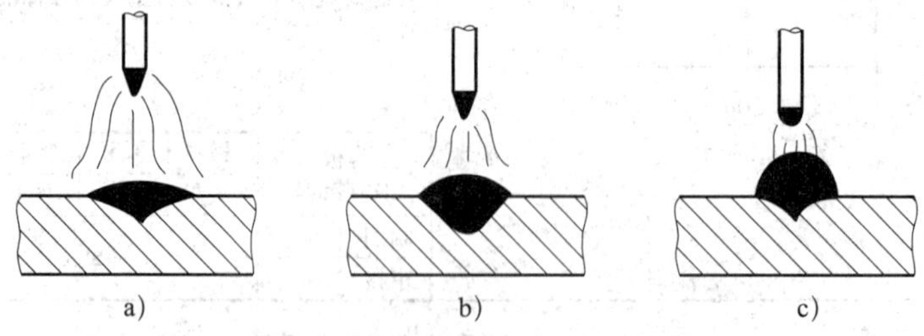

图 2-4-5　电弧电压对焊缝成形的影响

a）$U_{大}$　b）$U_{中}$　c）$U_{小}$

（1）试焊法

调节好焊接电流后，通过试焊，从熔滴过渡的声音、飞溅情况、送丝的稳定性、焊缝成形情况等方面判断电弧电压是否合适。当焊接电流大，电弧电压小时，送丝

速度快，焊丝送入熔池，部分焊丝来不及熔化而变成飞溅物，因此飞溅较大，同等条件下，焊缝余高较高，熔宽较小；当焊接电流小，电弧电压大时，焊丝熔化速度快，送丝慢，同等条件下，焊缝宽而薄。

（2）经验公式法

焊接电流小于 300 A 时：U=（0.04/+16±1.5）V

焊接电流大于 300 A 时：U=（0.04/+20±2）V

（3）“一元”调节

通过焊机自带的“一元”调节功能自动匹配焊接电压。

四、技能操作

薄板平对接焊焊件图样如图 2-4-6 所示，薄板立对接焊焊件图样如图 2-4-7 所示。

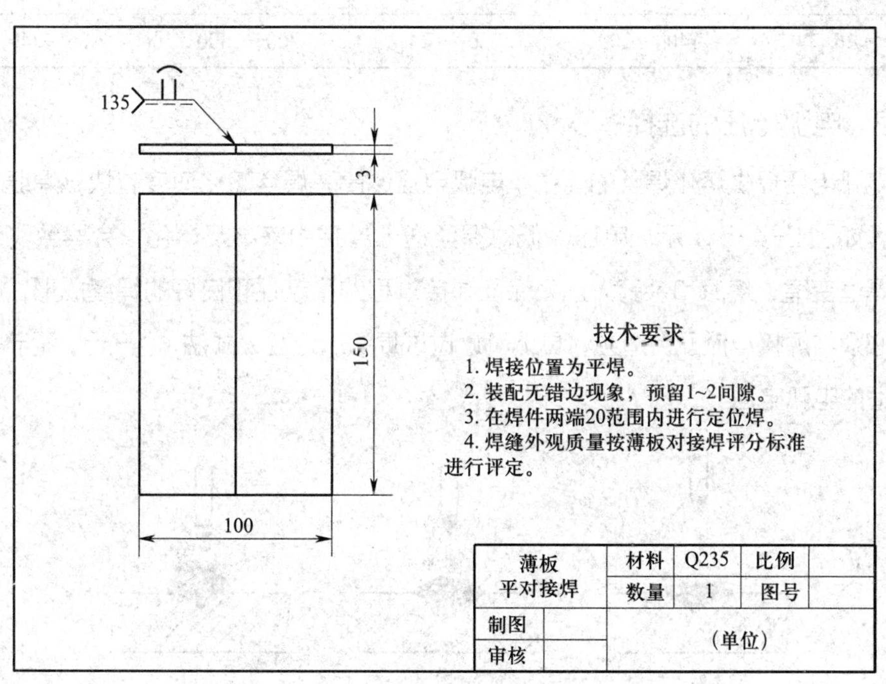

图 2-4-6　薄板平对接焊焊件图样

1. 图样分析

分析图样可知，焊接任务为薄板的平对接焊和立对接焊，焊接方法采用熔化极非惰性气体保护电弧焊（代号为 135），本模块中采用 CO_2 焊，焊件材料为 Q235 钢，焊后按薄板对接焊评分标准对焊缝外观质量进行检测。

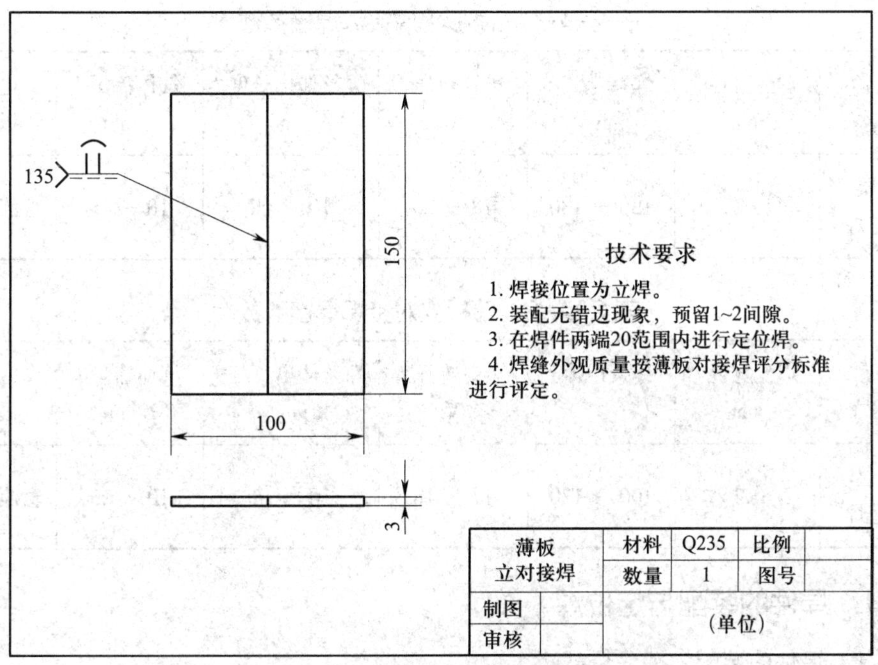

图 2-4-7　薄板立对接焊焊件图样

2. 焊前准备

（1）准备焊接设备

根据现有条件选择焊接设备。本课题选用 NBC-350Ⅲ型半自动 CO_2 焊焊机。

（2）准备辅助工具

准备錾子、钢丝刷、尖嘴钳、焊接防护面罩等。

（3）准备检验工具

准备钢直尺、焊接检验尺、游标卡尺、放大镜等。

（4）准备焊件

焊件材料为 Q235 钢，尺寸为 50 mm×150 mm×3 mm，4 件。用角向磨光机或钢丝刷将焊件表面的污物和氧化皮清理干净，使待焊处露出金属光泽，若有变形，要对薄板进行矫正。

（5）准备焊接材料

选用 ER50-6 型焊丝，直径为 1.2 mm，CO_2 气体纯度≥ 99.5%。

3. 选择焊接参数

薄板平对接焊和立对接焊的焊接参数分别见表 2-4-2 和表 2-4-3。

表 2-4-2　薄板平对接焊焊接参数

焊道层次	焊丝直径 / mm	焊接电流 / A	电弧电压 / V	焊丝伸出长度 / mm	气体流量 / （L/min）	电源极性
单层单道焊	1.2	120 ~ 130	18 ~ 20	10 ~ 15	10 ~ 15	直流反接

表 2-4-3　薄板立对接焊焊接参数

焊道层次	焊丝直径 / mm	焊接电流 / A	电弧电压 / V	焊丝伸出长度 / mm	气体流量 / （L/min）	电源极性
单层单道焊	1.2	100 ~ 120	17 ~ 18	10 ~ 15	10 ~ 15	直流反接

4. 焊件的装配与定位焊

（1）焊件的装配

CO_2 焊焊接时，焊丝出丝快，效率高，焊接时很容易造成焊缝余高过高，因此，焊件在装配时预留 1 ~ 2 mm 的间隙，以便焊透母材根部，同时还能控制焊缝的余高。焊接时受焊接应力的影响，终焊端的收缩量比始焊端大，因此，始焊端预留的间隙小于终焊端，如图 2-4-8a 所示。

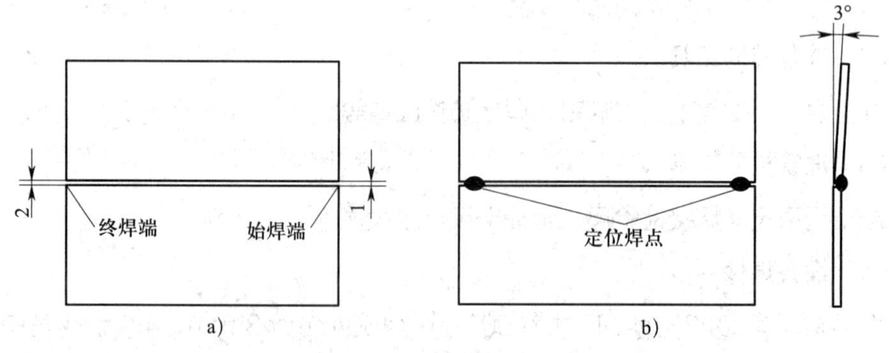

图 2-4-8　焊件的装配与定位焊

a）装配间隙　b）定位焊位置及预置反变形

（2）焊件的定位焊

在焊件两端 20 mm 范围内进行定位焊，定位焊的电流比正式焊接大 10% 左右，以保证焊透及焊点平整。定位焊后，预置适当的反变形，如图 2-4-8b 所示。

5. 焊接操作方法与步骤

（1）薄板平对接焊

1）根据表 2-4-2 所列的薄板平对接焊焊接参数调节气体流量、焊接电流、电弧电压。若给定的焊接电流、电弧电压不能很好地匹配，可通过试焊法进行微调，以达到参数的最优化。

2）将焊件置于平焊位置，操作姿势及焊枪角度与平敷焊一样，采用左向焊法，焊接时将焊丝对准起焊处（焊丝不接触焊件，离开 3 ~ 5 mm），按下焊枪手柄上的控制开关，焊丝送出，与焊件接触形成短路，电弧被点燃，引弧成功后以均匀的速度往焊接方向移动焊枪，焊至结束点，完成整个焊缝的焊接。为了保证焊接质量，在焊接过程中应注意以下几点：

①保持正确的焊枪角度，焊枪后倾角为 75° ~ 85°、与焊件两侧夹角为 90°，如图 2-4-9 所示。

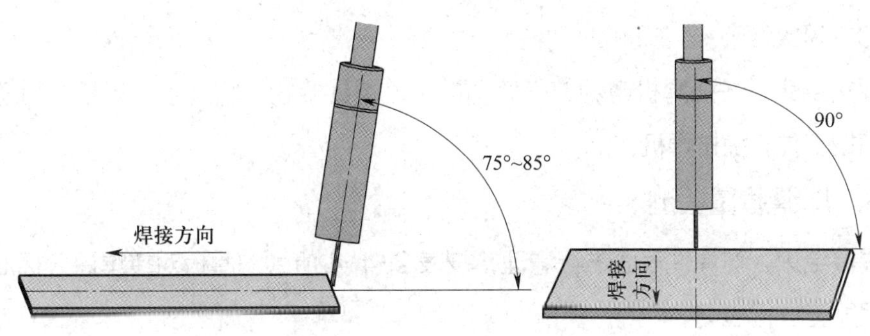

图 2-4-9　焊接方向及焊枪角度

②保持一致的焊丝伸出长度，伸出长度控制为 12 ~ 15 mm。

③保持均匀的焊接速度。

④收尾处稍做停留，以填满弧坑（可用焊机的电流衰减功能填弧坑）。

⑤若焊接过程发现容易烧穿，可采用小幅度锯齿形摆动焊枪的方式，以减小焊件对接焊缝处熔池温度，防止烧穿。

（2）薄板立对接焊

薄板立对接焊与平对接焊的操作步骤基本相同，只是焊接位置、操作手法和焊接参数不同，薄板立对接焊时，经常从上往下焊接，焊接时熔池金属容易下淌，造成焊瘤或未焊透等缺欠，因此，焊接时要控制好熔池温度，采用较小的焊接参数，焊枪角度采用下倾角为 50° ~ 60°、与两焊件的夹角为 90°，如图 2-4-10 所示。

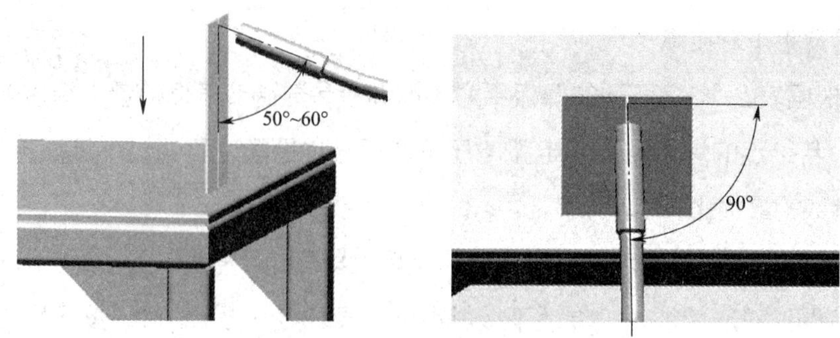

图 2-4-10　立焊焊枪角度

焊接时，在焊件顶端引弧，注意观察熔池，待焊件底部边缘完全熔合后，开始向下焊接，焊枪一般不做横向摆动，当熔池温度过高时，可做适当摆动。因为是单层焊，要同时保证正反两面焊缝都成形难度较大，焊接时要特别注意观察熔池，随时调整焊枪角度。

（3）焊接结束

焊接结束，关闭焊机电源、气瓶阀门、流量计旋钮，将地线、焊枪、气管等归位，清扫工位，擦拭焊机。

6. 焊缝质量检测

焊接结束，对焊件表面进行清理，按表 2-4-4 所列的薄板对接焊评分标准对焊缝外观质量进行检测。

表 2-4-4　薄板对接焊评分标准

<table>
<tr><th rowspan="2">焊件外观</th><th rowspan="2">检查项目</th><th colspan="4">焊缝等级标准及配分</th><th rowspan="2">得分</th></tr>
<tr><th>Ⅰ</th><th>Ⅱ</th><th>Ⅲ</th><th>Ⅳ</th></tr>
<tr><td rowspan="8">正面</td><td rowspan="2">焊缝余高</td><td>0 ~ 2 mm</td><td>>2 mm，≤ 3 mm</td><td>>3 mm，≤ 4 mm</td><td>>4 mm，<0</td><td></td></tr>
<tr><td>15 分</td><td>12 分</td><td>10 分</td><td>0 分</td><td></td></tr>
<tr><td rowspan="2">余高差</td><td>≤ 1 mm</td><td>>1 mm，≤ 2 mm</td><td>>2 mm，≤ 3 mm</td><td>>3 mm</td><td></td></tr>
<tr><td>15 分</td><td>12 分</td><td>10 分</td><td>0 分</td><td></td></tr>
<tr><td rowspan="2">焊缝宽度</td><td>5 ~ 6 mm</td><td>≥4 mm，≤7 mm</td><td>≥3 mm，≤8 mm</td><td><3 mm，>8 mm</td><td></td></tr>
<tr><td>15 分</td><td>12 分</td><td>10 分</td><td>0 分</td><td></td></tr>
<tr><td rowspan="2">宽度差</td><td>≤ 1.5 mm</td><td>>1.5 mm，
≤ 2 mm</td><td>>2 mm，≤ 3 mm</td><td>>3 mm</td><td></td></tr>
<tr><td>15 分</td><td>12 分</td><td>10 分</td><td>0 分</td><td></td></tr>
</table>

续表

焊件外观	检查项目	焊缝等级标准及配分				得分
		Ⅰ	Ⅱ	Ⅲ	Ⅳ	
正面	咬边	0	深度≤ 0.5 mm 且长度≤ 15 mm	深度≤ 0.5 mm 且 15 mm< 长度≤ 30 mm	深度 >0.5 mm 或长度 >30 mm	
		15 分	12 分	10 分	0 分	
	焊缝外表成形	优	良	一般	差	
		成形美观，鱼鳞均匀、细密，高低、宽窄一致	成形较好，鱼鳞均匀，焊缝平整	成形尚可，焊缝平直	焊缝弯曲，高低、宽窄不一致，有表面焊接缺欠	
		15 分	10 分	8 分	0 分	
安全文明生产		合格 10 分；违反操作规程，视情况扣 1 ~ 10 分				

课题 5
CO_2 气体保护焊中厚板对接焊

学习目标

1. 了解中厚板焊接的特点及基本方法。
2. 能进行单面焊双面成形焊件的装配与定位焊。
3. 能进行中厚板单面焊双面成形的焊接，并达到焊缝质量要求。
4. 能进行焊缝质量检测。

一、中厚板对接焊技术

1. 中厚板焊接的特点

中厚板厚度通常为 8 ~ 20 mm，如果采用单层焊，很难焊透母材根部，因此，母材在焊接前通常需要开坡口，采用多层焊或多层多道焊，如图 2-5-1 所示，焊接难度较大，容易出现根部未焊透、填充层夹渣、盖面焊坡口两侧未熔合等缺欠。

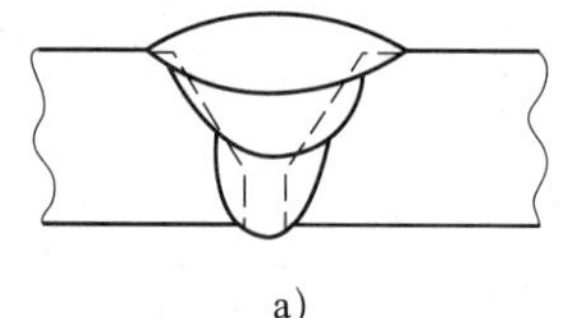

a)

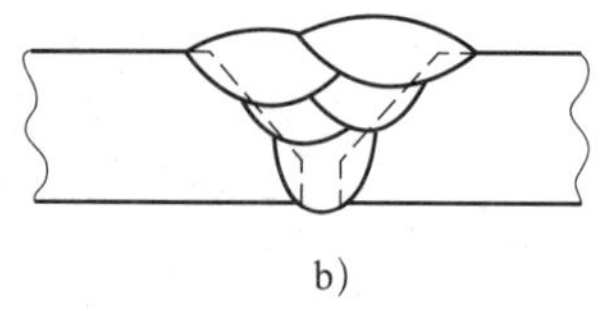

b)

图 2-5-1　多层焊与多层多道焊

a）多层焊　b）多层多道焊

2. 中厚板焊接方法

中厚板采用多层焊、多层多道焊时，底层的焊接称为打底焊，中间层的焊接称为填充焊（填充层可以有多层），最上面一层的焊接称为盖面焊，如图 2-5-2 所示。下面以中厚板 V 形坡口单面焊双面成形为例，说明基本的焊接操作方法。

（1）打底层的焊接

打底层的焊接通常要求单面焊双面成形，要实现焊缝背面成形，在装配焊件时，要预留一定的根部间隙，采用 CO_2 焊焊接时，根部间隙不能太大，预留 2.5 ~ 3 mm 的间隙即可，焊接时采用小幅度锯齿形摆动的运枪方式。焊接时，注意观察熔池处是否出现熔孔，通过熔孔判断背面焊缝成形情况，熔孔太大时，背面焊缝容易过高；无熔孔时，背面焊缝容易未焊透；熔孔尺寸以单边熔化坡口棱边 0.5 ~ 1 mm 为宜，如图 2-5-3 所示。

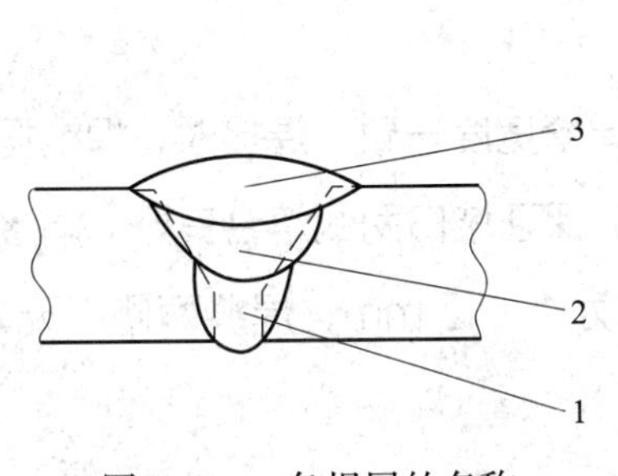

图 2–5–2　各焊层的名称

1—打底层　2—填充层　3—盖面层

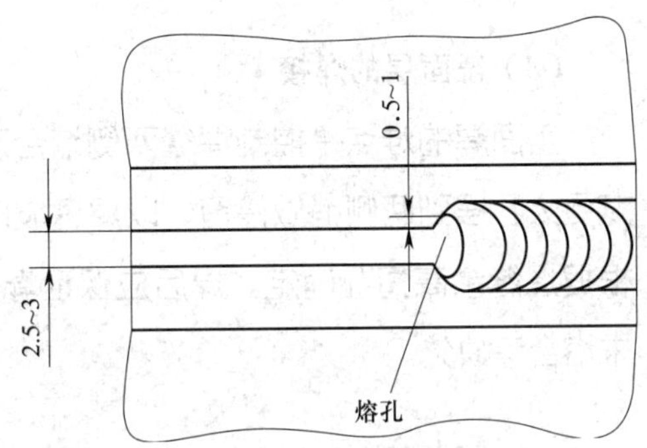

图 2–5–3　打底焊熔孔及间隙

（2）填充层的焊接

焊接填充层时，随着坡口的增大，焊枪要做适当摆动，采用锯齿形或月牙形摆动方式，根据焊缝的熔合情况，确定摆动到坡口侧时的停留时间。如图 2-5-4a 所示，当焊缝中间凸起时，说明摆动到坡口侧时停留时间不够，应增加停留时间。填充焊应保证焊缝平整或略下凹，如图 2-5-4b 所示。

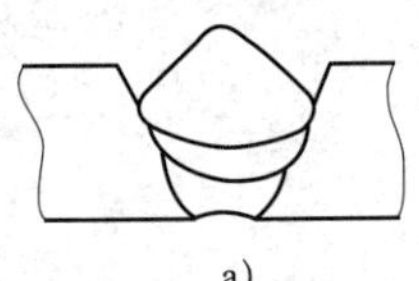

a）

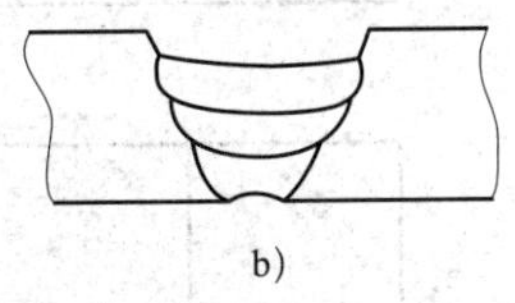

b）

图 2–5–4　填充焊焊缝

a）焊缝中间凸起　b）焊缝下凹

填充焊的层数根据坡口大小确定，每层的填充量不宜太大，一般以 2 ~ 3 mm 为宜，无论填充几层，重要的是保证预留合适的余量进行盖面焊，通常预留 1 ~ 2 mm 的余量较适合，如图 2-5-5a 所示；同时，保证填充焊时坡口棱边不被电弧熔化，如图 2-5-5b 所示，以保证盖面焊时能清晰地看到坡口边，从而保证焊透坡口两侧及控制焊缝宽度一致。

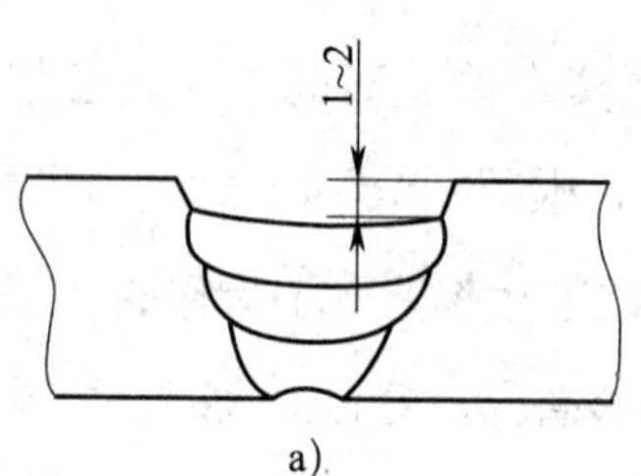

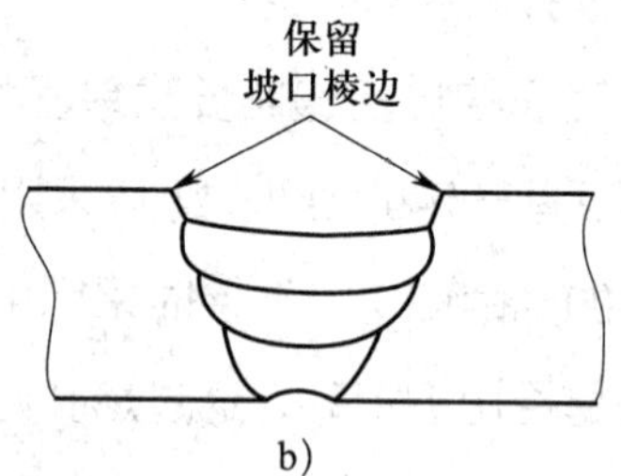

图 2-5-5　盖面焊余量与棱边

a）预留盖面焊余量　b）保留坡口棱边

（3）盖面层的焊接

盖面焊的难点是控制焊缝两侧熔合及保证焊缝宽度一致。焊接时，焊枪摆动幅度更大，摆到两侧稍做停留，以焊透坡口棱边，保证坡口两侧熔合良好。焊接速度根据焊缝余高情况确定。焊后应保证焊缝余高为 1 ~ 2 mm，焊缝两侧应无咬边、未熔合等缺欠。

二、技能操作

中厚板平对接焊焊件图样如图 2-5-6 所示，中厚板立对接焊焊件图样如图 2-5-7 所示。

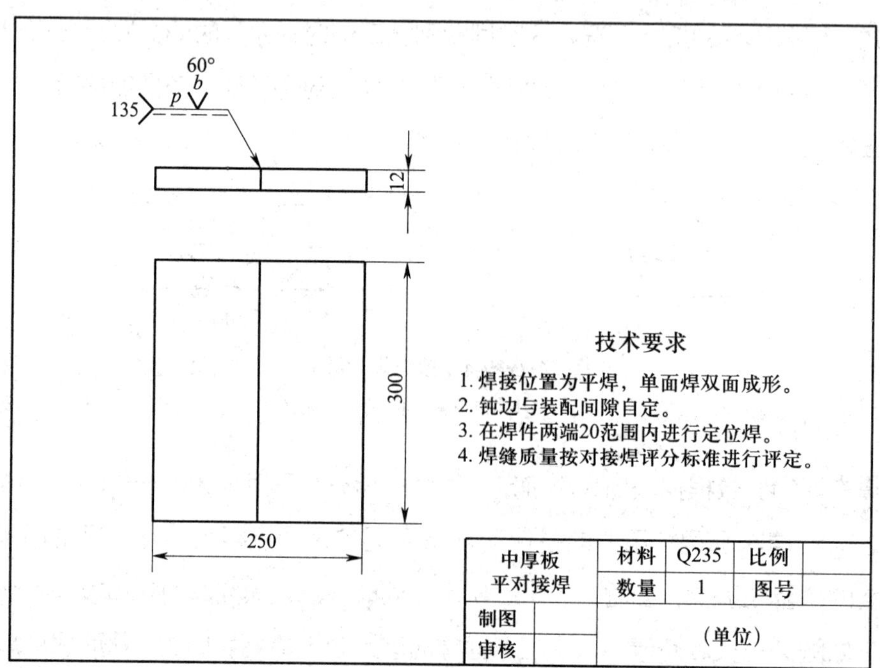

图 2-5-6　中厚板平对接焊焊件图样

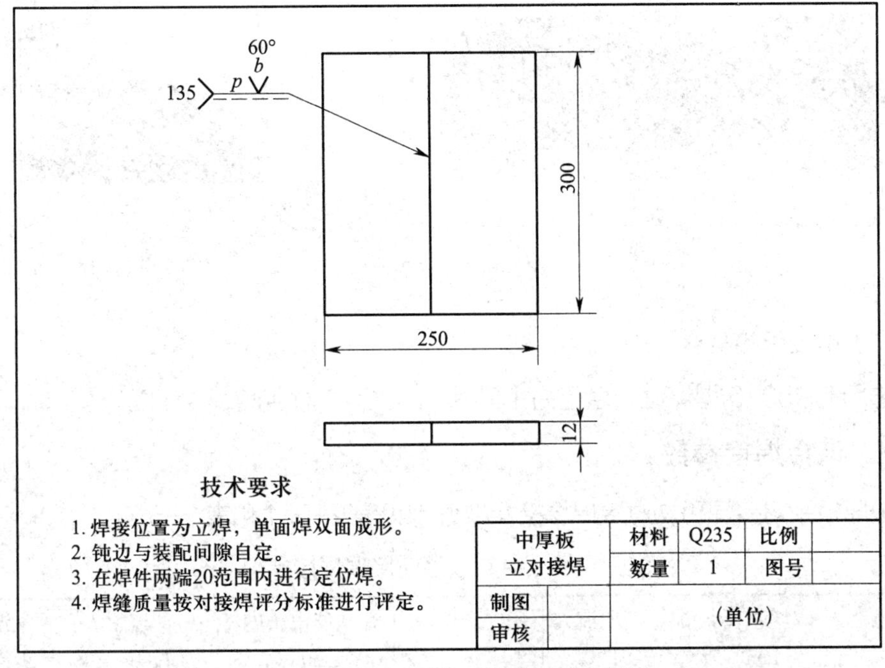

图 2-5-7　中厚板立对接焊焊件图样

1. 图样分析

分析图样可知，焊接任务为中厚板 V 形坡口的平对接焊和立对接焊，要求单面焊双面成形，焊接方法可采用 CO_2 焊，焊件材料为 Q235 钢，焊后按对接焊评分标准对焊缝外观质量进行检测。

2. 焊前准备

（1）准备焊接设备

根据现有条件选择焊接设备。本课题选用 NBC-350Ⅲ型半自动 CO_2 焊焊机。

（2）准备辅助工具

准备錾子、钢丝刷、尖嘴钳、焊接防护面罩等。

（3）准备检验工具

准备钢直尺、焊接检验尺、游标卡尺、放大镜等。

（4）准备焊件

焊件材料为 Q235 钢，尺寸为 125 mm × 300 mm × 12 mm，4 件，用半自动火焰切割机切割出 30° 坡口，用角向磨光机将焊件表面的污物和氧化皮清理干净，使待焊处露出金属光泽，如图 2-5-8 所示。

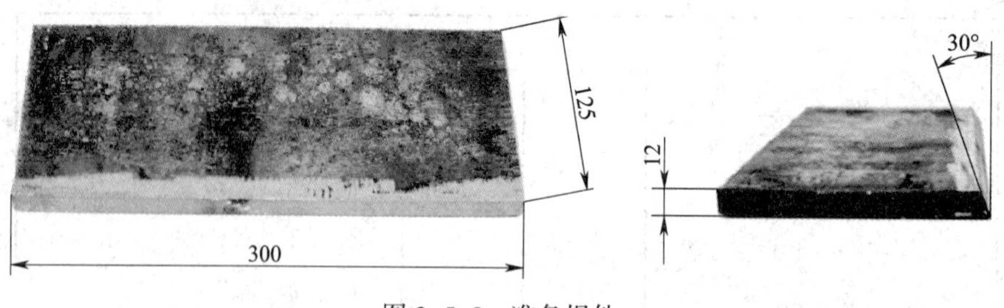

图 2-5-8　准备焊件

（5）**准备焊接材料**

选用 ER50-6 型焊丝，直径为 1.2 mm，CO_2 气体纯度≥ 99.5%。

3. 选择焊接参数

中厚板平对接焊和立对接焊焊接参数分别见表 2-5-1 和表 2-5-2。

表 2-5-1　中厚板平对接焊焊接参数

焊道层次	焊丝直径 / mm	焊接电流 / A	电弧电压 / V	焊丝伸出长度 / mm	气体流量 / （L/min）	电源极性
打底焊	1.2	85 ~ 95	17 ~ 18	15 ~ 18	12 ~ 18	直流反接
填充焊	1.2	140 ~ 160	20 ~ 22	15 ~ 18	12 ~ 18	直流反接
盖面焊	1.2	120 ~ 140	19 ~ 20	15 ~ 18	12 ~ 18	直流反接

表 2-5-2　中厚板立对接焊焊接参数

焊道层次	焊丝直径 / mm	焊接电流 / A	电弧电压 / V	焊丝伸出长度 / mm	气体流量 / （L/min）	电源极性
打底焊	1.2	85 ~ 95	17 ~ 18	15 ~ 18	12 ~ 18	直流反接
填充焊	1.2	90 ~ 100	18 ~ 20	15 ~ 18	12 ~ 18	直流反接
盖面焊	1.2	90 ~ 100	18 ~ 20	15 ~ 18	12 ~ 18	直流反接

4. 焊件的装配与定位焊

（1）**焊件的装配**

焊件要求单面焊双面成形，装配时，需预留 2.5 ~ 3 mm 的间隙，以便焊透母材根部，实现背面成形，焊接时受焊接应力的影响，终焊端的收缩量比始焊端大，因此，始焊端预留的间隙小于终焊端，如图 2-5-9a 所示。

（2）**焊件的定位焊**

在焊件两端 20 mm 范围内进行定位焊，如图 2-5-9a 所示，定位焊应保证焊透及焊点平整。定位焊后，预置 3°左右的反变形，如图 2-5-9b 所示。

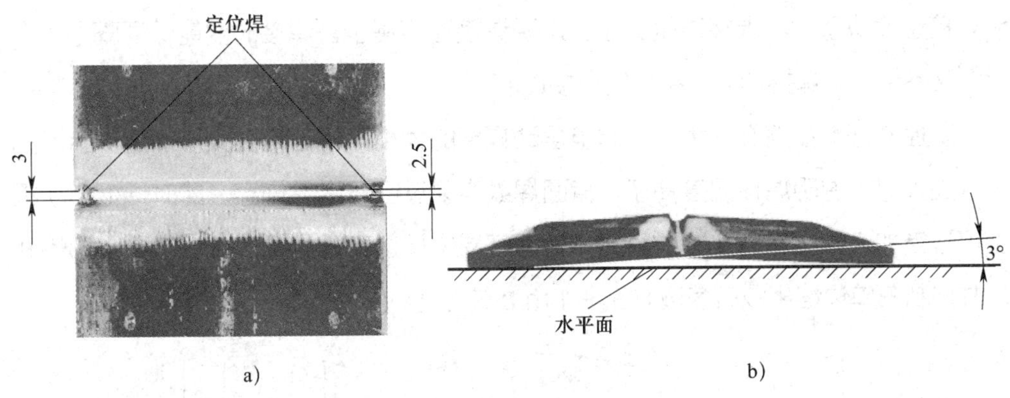

图 2-5-9 焊件装配与定位焊

a）装配间隙及定位焊 b）预置反变形

5. 焊接操作方法与步骤

（1）中厚板平对接焊

1）根据表 2-5-1 所列的中厚板平对接焊焊接参数，并结合试焊等方法调节好焊接电流与电弧电压。

2）将焊件置于平焊位置（焊件悬空，以便于背面焊缝成形），焊接操作姿势如图 2-5-10 所示，采用左向焊法。

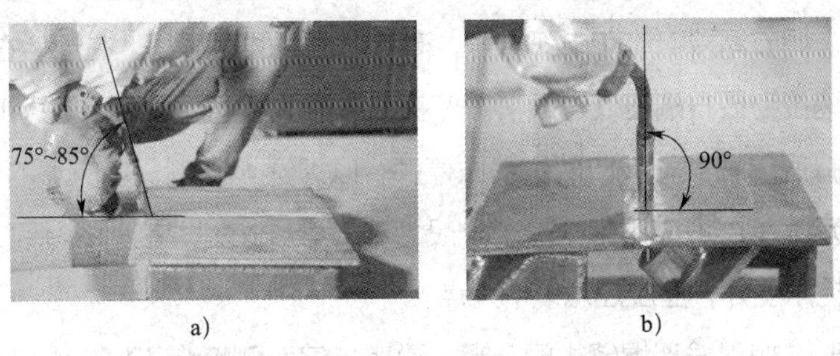

图 2-5-10 焊接操作姿势及焊枪角度

3）打底焊。打底焊时在焊件右端定位焊处或坡口侧面处引弧，电弧点燃后，采用锯齿形小幅度摆动运枪方式往前焊接，如图 2-5-11 所示。焊接时要始终保持熔池前端出现一个小熔孔，通过观察熔孔的大小判断焊缝背面成形情况，焊接时应注意以下几点：

①保证正确的焊枪角度，焊枪后倾角为 75° ~ 85°，焊枪与焊件两侧的夹角为 90°，如图 2-5-10 所示。

②控制好焊接速度，若焊接时有焊丝穿到焊缝背面的情况（俗称“穿丝”），说明焊接速度快了；若焊接时烧穿了，说明焊接速度慢了。焊接时要能保证既不“穿丝”又不烧穿，保持均匀、平稳的焊接速度。

③控制好焊接熔孔的大小，焊枪摆动幅度的大小可根据熔孔大小确定。当熔孔尺寸过大时，说明焊接温度高了，背面焊缝容易过凸且容易烧穿，此时焊枪摆动幅度可适当加大；当熔孔尺寸过小时，背面容易未焊透，摆动幅度可适当减小。熔孔尺寸控制在单边熔化坡口棱边 0.5 ~ 1 mm 较合适。

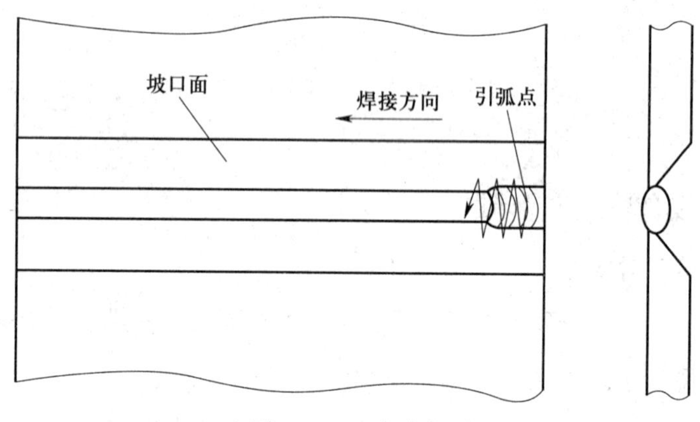

图 2-5-11　打底焊

4）填充焊。彻底清理打底层的焊渣，用錾子去除接头高点和焊瘤，使底层焊道基本平整。调节焊接电流和电弧电压，清除喷嘴处的飞溅物。在焊件右端 20 mm 处引弧，快速拉到最右端压低电弧稍做停顿，待形成熔池后，采用锯齿形摆动焊枪，摆动幅度比打底焊稍大，坡口两侧稍做停顿，以焊透坡口侧。填充焊的层数根据坡口的深度确定，每层填充不宜太厚，一般为 2 ~ 3 mm。焊接时，除了采用与打底焊一致的焊枪角度外，还应注意以下几点：

①焊接时，如果发现焊缝中间凸起，说明坡口两侧熔合不好，焊枪摆动到坡口侧时应增加停留时间。

②为了获得较好的焊接纹路和熔合情况，摆动要均匀，两侧停留点间的距离尽量近些，如图 2-5-12a 所示。

③预留 1 ~ 2 mm 的余量进行盖面焊，并保证焊缝坡口棱边不被电弧熔化，如图 2-5-12b 所示。

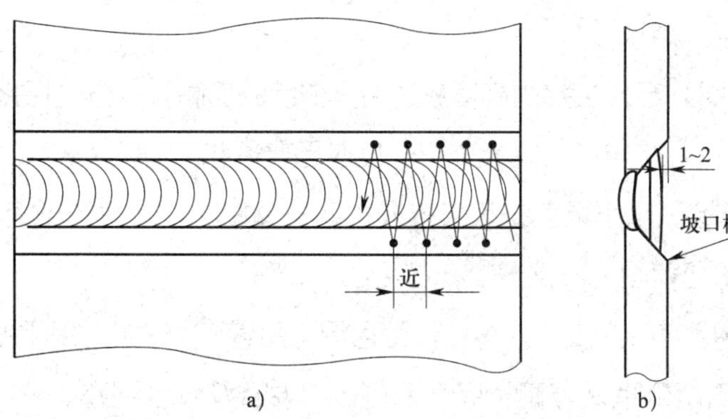

图 2-5-12　填充焊

5）盖面焊。清除前层焊道的焊渣，调节焊接电流和电弧电压，清除喷嘴处的飞溅物，盖面焊与填充焊方法基本相同，由于盖面焊道比填充焊道宽，焊枪摆动幅度更大，摆到坡口两侧时，仍然需要稍做停留，以焊透坡口侧。焊后产生的余高以 1 ~ 2 mm 为宜。对接平焊盖面焊如图 2-5-13 所示。

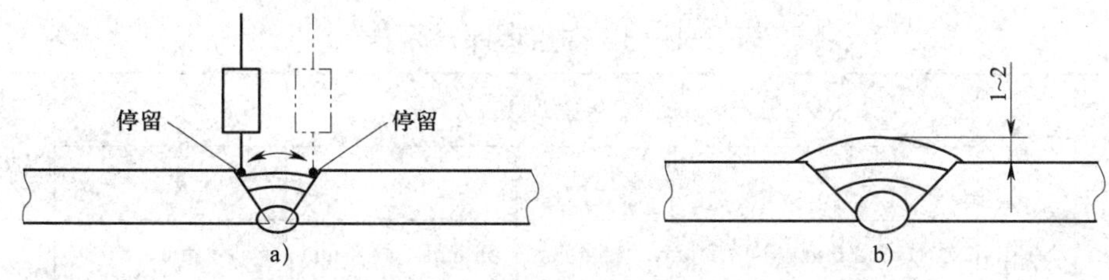

图 2-5-13　对接平焊盖面焊

a）焊枪摆动及两侧停留　b）盖面焊余高

（2）中厚板立对接焊

立对接焊与平对接焊的操作步骤基本相同，只是焊接位置、操作手法和焊接参数不同，中厚板立对接焊时，经常从下往上进行焊接，焊接时熔池金属容易下淌，造成焊瘤或未焊透等缺欠，因此，焊接时要控制好熔池温度，采用较小的焊接参数、合适的焊接速度及一定的焊枪角度（一般下倾角为 80° ~ 90°、与焊件两侧的夹角为 90°），如图 2-5-14 所示。

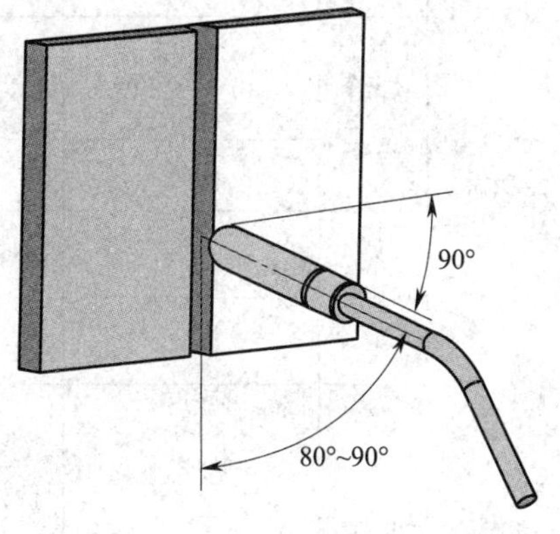

图 2-5-14　立焊焊枪角度

焊接时应注意以下几点：

1）焊接位置为立焊，焊件装夹的高度应适合操作者的身高，以方便焊接。

2）为了获得稳定的焊接电弧，焊丝伸出长度应尽量短些。

3）打底焊时，焊枪采用小幅度锯齿形横向摆动，焊接时，注意控制熔孔大小，通过观察熔孔，判断焊缝背面成形情况。

4）填充焊每层的厚度不宜太厚，一般分两层焊（两道），焊接时采用锯齿形横向摆动焊枪，摆到坡口两侧稍做停留，保证两侧坡口焊透及焊缝平整。注意留 1 ~ 2 mm 余量进行盖面焊，并保证坡口棱边不被电弧熔化。

5）盖面焊与平焊类似，焊枪摆动到坡口两侧时稍做停留，以焊透坡口侧棱边，焊接速度和运枪规律要均匀、平稳，焊后产生的余高以 1 ~ 2 mm 为宜。

（3）焊缝质量检测

焊接结束，对焊件表面进行清理，按表 2-5-3 所列的对接焊评分标准对焊缝外观质量进行检测。

表 2-5-3　对接焊评分标准

焊件外观	检查项目	焊缝等级标准及配分				得分
		Ⅰ	Ⅱ	Ⅲ	Ⅳ	
正面	焊缝余高	0 ~ 2 mm	>2 mm，≤ 3 mm	>3 mm，≤ 4 mm	>4 mm，<0	
		8 分	6 分	4 分	0 分	
	余高差	≤ 1 mm	>1 mm，≤ 2 mm	>2 mm，≤ 3 mm	>3 mm	
		5 分	3 分	1 分	0 分	
	焊缝宽度	17 ~ 18 mm	≥ 16 mm，≤ 19 mm	≥ 15 mm，≤ 20 mm	<15 mm，>20 mm	
		5 分	3 分	2 分	0 分	
	宽度差	≤ 1 mm	>1 mm，≤ 2 mm	>2 mm，≤ 3 mm	>3 mm	
		5 分	3 分	1 分	0 分	
	咬边	无咬边	深度≤ 0.5 mm 且长度≤ 15 mm	深度≤ 0.5 mm 且 15 mm< 长度≤ 30 mm	深度 >0.5 mm 或长度 >30 mm	
		10 分	每 2 mm 扣 1 分，最多扣 2 分	每 2 mm 扣 1 分，最多扣 4 分	0 分	

续表

焊件外观	检查项目	焊缝等级标准及配分				得分
		Ⅰ	Ⅱ	Ⅲ	Ⅳ	
正面	错边量	0	≤ 0.7 mm	>0.7 mm，≤ 1.2 mm	>1.2 mm	
		4 分	2 分	1 分	0 分	
	角变形	0 ~ 2 mm	>2 mm，≤ 3 mm	>3 mm，≤ 5 mm	>5 mm	
		5 分	4 分	2 分	0 分	
	焊缝外表成形	优	良	一般	差	
		成形美观，鱼鳞均匀、细密，高低、宽窄一致	成形较好，鱼鳞均匀，焊缝平整	成形尚可，焊缝平直	焊缝弯曲，高低、宽窄不一致，有表面焊接缺欠	
		15 分	10 分	8 分	0 分	
背面	背面焊缝凹陷	0	>0，≤ 1 mm	>1 mm，≤ 2 mm	>2 mm，<0	
		4 分	2 分	1 分	0 分	
	背面焊缝凸起	0 ~ 1 mm	>1 mm，≤ 2 mm	>2 mm，≤ 3 mm	>3 mm，<0	
		4 分	3 分	2 分	0 分	
	咬边	无咬边，5 分；有咬边，0 分				
	气孔	无气孔，5 分；有气孔，0 分				
	未焊透	无未焊透，10 分；有未焊透，0 分				
	背面成形	优	良	一般	差	
		5 分	3 分	1 分	0 分	
安全文明生产		合格 10 分；违反操作规程，视情况扣 1 ~ 10 分				

课题 6
CO_2 气体保护焊 T 形接头平角焊

学习目标

1. 了解 T 形接头平角焊的特点及基本知识。
2. 能进行 T 形接头的平角焊操作，且焊缝质量达到要求。
3. 能进行焊缝质量检测。

一、T 形接头平角焊焊接技术

1. 角焊缝的特点

在焊接结构中，广泛运用的 T 形接头、搭接接头、角接接头等接头形式的焊缝称为角焊缝，如图 2-6-1 所示。角焊缝的焊接特点是容易出现咬边、夹渣、焊脚尺寸不对称、焊缝凸度过大等缺欠。

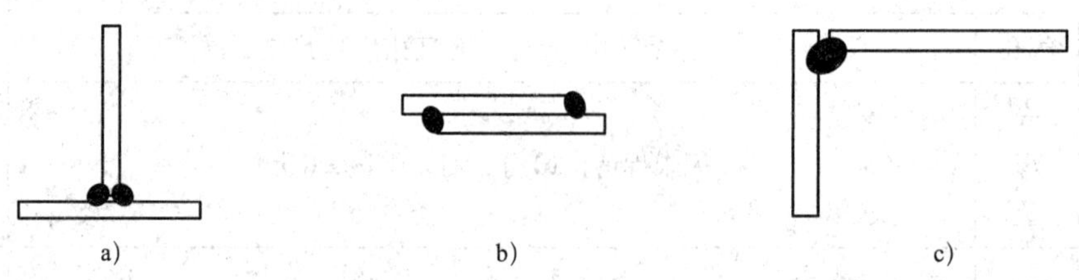

图 2-6-1　角焊缝的接头形式
a）T 形接头　b）搭接接头　c）角接接头

2. 角焊缝各部分名称

角焊缝各部分的名称如图 2-6-2 所示。焊缝金属横截面中所能画出的最大等腰直角三角形中直角边的长度称为焊脚尺寸，该尺寸应符合技术要求，以保证焊接接头的强度。

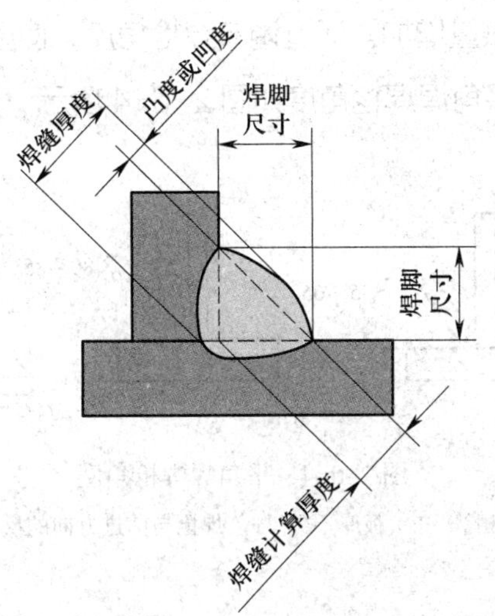

图 2-6-2　角焊缝各部分的名称

3. 角焊缝焊接方法

（1）焊道的层数与道数

焊接角焊缝时，根据焊脚尺寸的大小确定焊道的层数与道数，一般焊脚尺寸随焊件厚度的增大而增大，见表 2-6-1。

表 2-6-1　板厚与焊脚尺寸的关系　　mm

钢板厚度	≥ 2 ~ 3	>3 ~ 6	>6 ~ 9	>9 ~ 12	>12 ~ 16	>16 ~ 23
最小焊脚尺寸	2	3	4	5	6	8

焊脚尺寸决定了焊接的层数与焊道数，一般当焊脚尺寸 <8 mm 时采用单层焊；当焊脚尺寸为 8 ~ 10 mm 时采用多层焊；当焊脚尺寸 >10 mm 时采用多层多道焊，如图 2-6-3 所示。

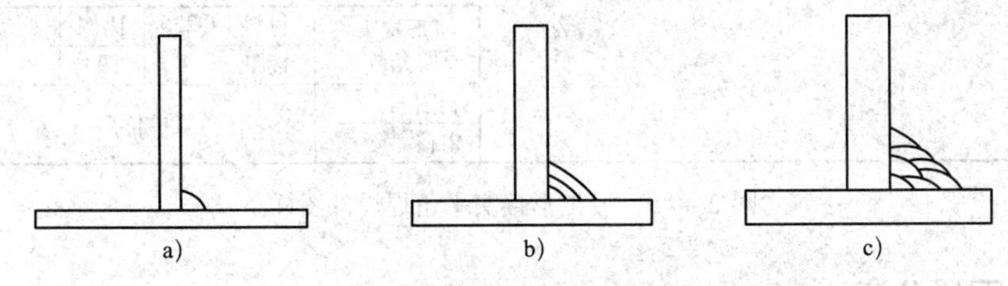

图 2-6-3　角焊缝焊接层数

a）单层焊　b）多层焊　c）多层多道焊

（2）不同板厚的角焊缝

在焊接由不等厚度板组装的角焊缝时，要相应地调节焊枪角度，电弧要偏向厚板一侧，使厚板所受的热量增加。通过调节焊枪角度，使厚、薄两板受热趋于均匀，以保证接头良好熔合。平角焊焊枪角度如图 2-6-4 所示。

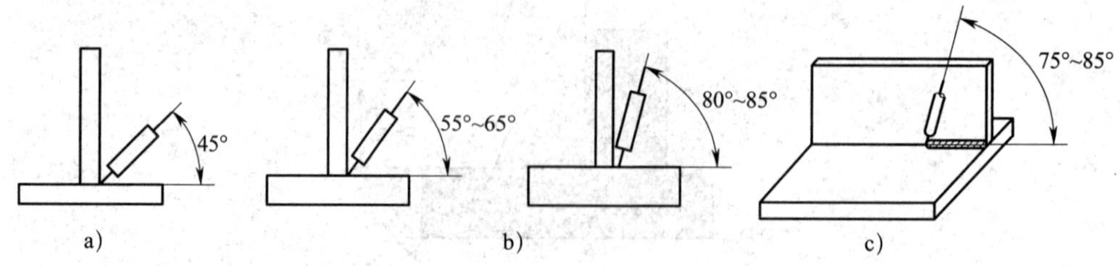

图 2-6-4　平角焊焊枪角度

a）板厚相等　b）板厚不等　c）焊枪与前进方向的反方向夹角

二、技能操作

板 T 形接头平角焊焊件图样如图 2-6-5 所示。

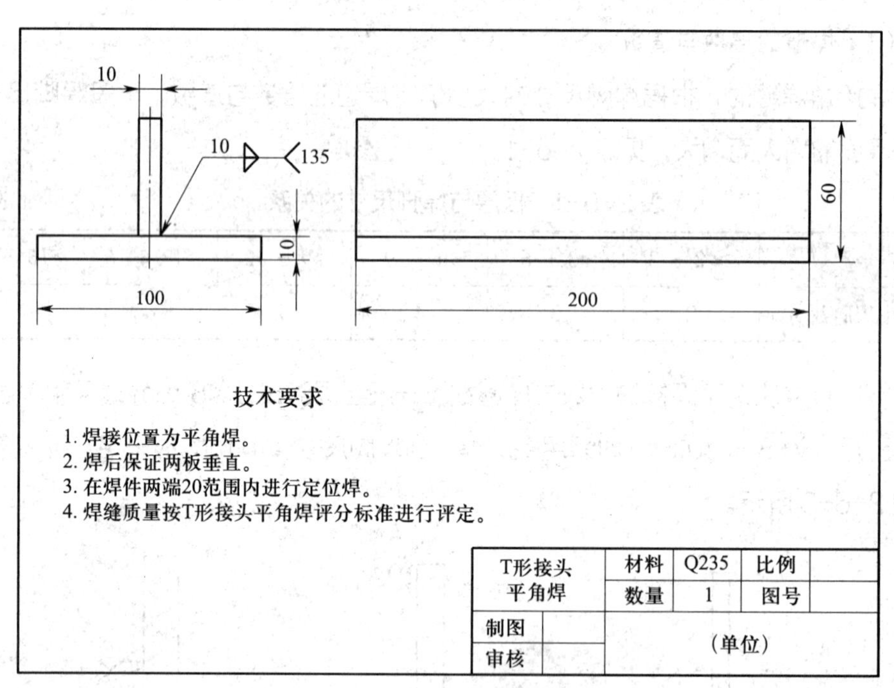

图 2-6-5　板 T 形接头平角焊焊件图样

1. 图样分析

分析图样可知，焊接任务为板 T 形接头平角焊，焊接方法可采用 CO_2 焊，焊脚尺寸要求为 10 mm，焊件材料为 Q235 钢，焊后按 T 形接头平角焊评分标准对焊缝外观质量进行检测。

2. 焊前准备

（1）准备焊接设备

根据现有条件选择焊接设备。本课题选用 NBC-350Ⅲ型半自动 CO_2 焊焊机。

（2）准备辅助工具

准备角向磨光机、錾子、钢丝刷、尖嘴钳、焊接防护面罩等。

（3）准备检验工具

准备焊接检验尺、游标卡尺、放大镜等。

（4）准备焊件

焊件材料为 Q235 钢，按图样尺寸要求利用半自动火焰切割机或剪床下料，尺寸为 200 mm×100 mm×10 mm 1 件、200 mm×50 mm×10 mm 1 件。用角向磨光机将焊件表面的污物和氧化皮清理干净，使待焊处露出金属光泽，如图 2-6-6 所示。

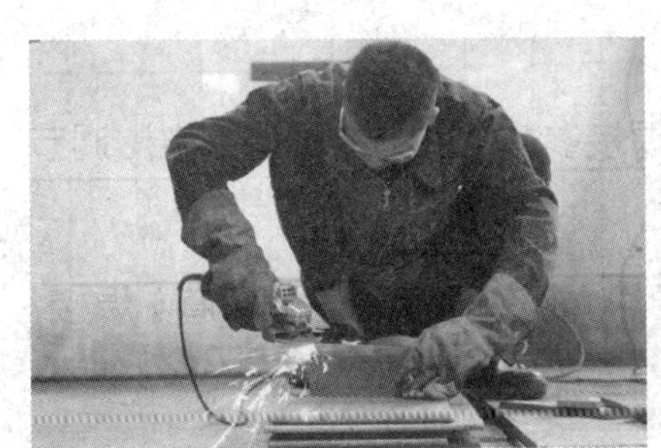

图 2-6-6 清理焊件

（5）准备焊接材料

选用 ER50-6 型焊丝，直径为 1.2 mm，CO_2 气体纯度≥ 99.5%。

3. 选择焊接参数

板 T 形接头平角焊焊接参数见表 2-6-2。

表 2-6-2 板 T 形接头平角焊焊接参数

焊道层次	焊丝直径 / mm	焊接电流 / A	电弧电压 / V	焊丝伸出长度 / mm	气体流量 /（L/min）	电源极性
双层焊	1.2	160 ~ 180	21 ~ 24	12 ~ 15	12 ~ 18	直流反接

4. 焊件的装配与定位焊

利用石笔画出立板装配位置线，按图样要求的尺寸进行装配，装配时保证立板

与水平板的垂直度，并在焊件同侧的两端 20 mm 范围内进行定位焊，定位焊缝长度为 10 ~ 15 mm，保证焊点熔合良好和平整，如图 2-6-7 所示。

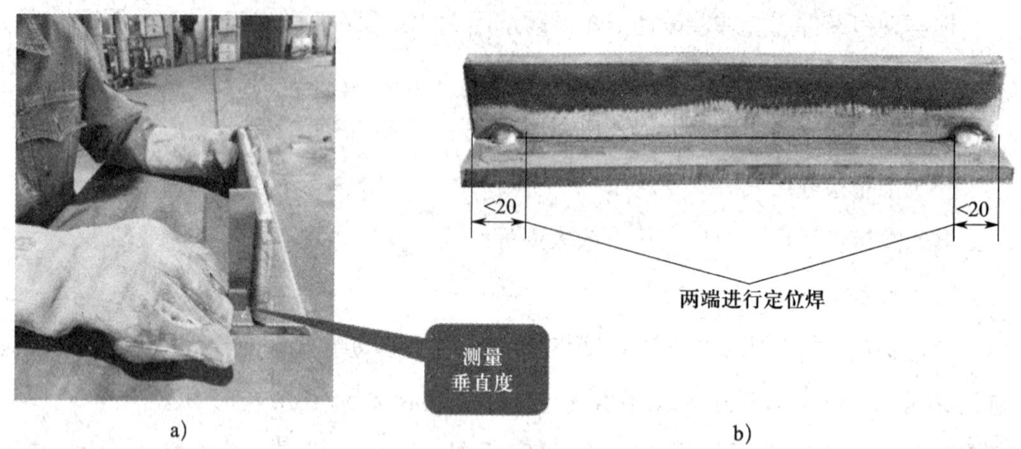

a）　　b）

图 2-6-7　焊件装配与定位焊

a）装配时测量垂直度　b）定位焊点位置

5. 焊接操作方法与步骤

（1）根据表 2-6-2 所列的 T 形接头平角焊焊接参数，并结合试焊等方法调节好焊接电流与电弧电压。

（2）将焊件置于平焊位置，根据焊脚尺寸要求，确定采用两层（两道）焊接，以达到焊脚尺寸要求，先焊接没有定位焊缝一侧的焊缝。

（3）焊接第一层焊缝时，为了保证焊脚尺寸（10 mm），可用石笔画出焊脚尺寸线，焊接时参照该线保证焊脚尺寸。焊接时，焊枪角度可适当大于 45°，焊丝端部离开立板 1 ~ 2 mm，如图 2-6-8a 所示，采用直线形或斜圆圈形运枪方式焊接，焊接时使焊缝偏向底板多一点，留出第二层焊缝的位置，如图 2-6-8b 所示，以保证焊接第二层后焊道间过渡圆滑，并保证焊脚尺寸的一致性。

焊接第一层焊缝的注意事项如下：

1）保持正确的焊枪角度及焊丝端部距离立板的位置，以保证第一层焊道宽度（焊脚尺寸）统一。若焊枪角度和焊丝端部距离立板位置不正确，则容易出现焊缝偏离立板或底板、焊脚尺寸大小不一致等缺欠，如图 2-6-9 所示。

2）保持较短的焊丝伸出长度。焊丝伸出长度保持在 15 mm 左右，伸出太长，送丝不稳定；伸出太短，焊枪喷嘴容易阻碍视线，无法观察熔池。

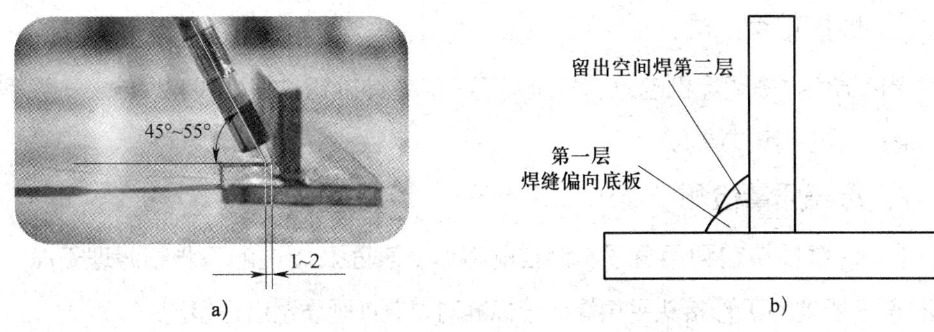

图 2-6-8　焊枪角度及焊道位置

a）焊枪角度　b）焊道位置

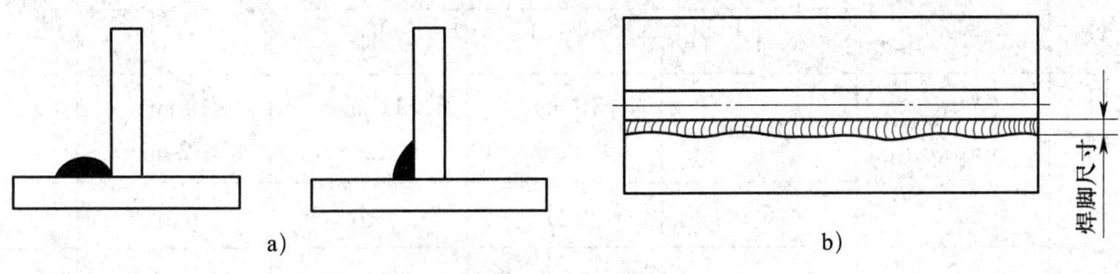

图 2-6-9　焊枪角度对焊缝的影响

a）焊缝偏离底板或立板　b）焊脚尺寸大小不一致

3）保持均匀、稳定的焊接速度。通过观察焊缝成形判断焊接速度是否合理，速度太慢，焊缝余高过高，焊缝过凸；速度太快，焊脚尺寸无法保证。

（4）焊接第二层焊缝时，将第一层焊缝的焊渣、飞溅物等清理干净，根据第一层焊缝的成形情况，适当调整焊枪角度（40° ~ 45°），采用直线形运枪，焊接时注意观察第二层焊缝与第一层焊缝的熔合情况，一般第二层焊缝应覆盖到第一层焊缝的最高点，并始终保持一致，才能保证两焊缝之间过渡圆滑，如图 2-6-10 所示。

（5）采用同样的方法焊接另一侧焊缝。

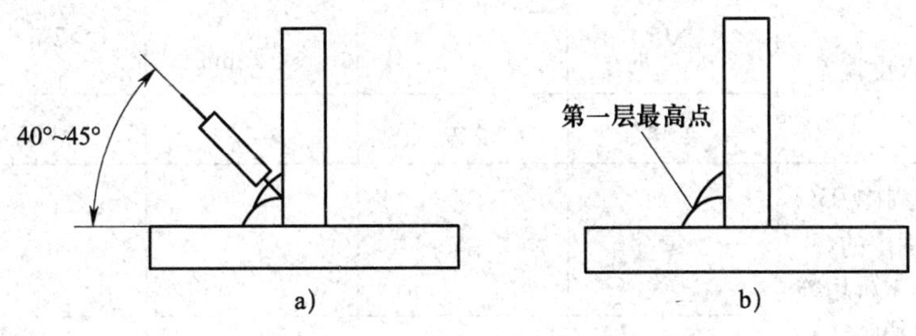

图 2-6-10　焊枪角度与焊缝过渡

a）焊枪角度　b）焊缝过渡

6. 焊接结束

焊接结束，关闭焊机电源、气瓶阀门、流量计旋钮，将地线、焊枪、气管等归位，清扫工位，擦拭焊机。

7. 焊缝质量检测

检测焊缝质量前利用錾子、钢丝刷将焊缝表面及周边的飞溅物清理干净。按表 2-6-3 所列的 T 形接头平角焊评分标准对焊缝外观质量进行检测。

表 2-6-3　T 形接头平角焊评分标准

焊件外观	检查项目	焊缝等级标准及配分				得分
		Ⅰ	Ⅱ	Ⅲ	Ⅳ	
正面	焊脚尺寸	10 mm	>10 mm，≤ 11 mm	>11 mm，≤ 12 mm	<10 mm，>12 mm	
		16 分	9 分	6 分	0 分	
	焊缝凸度	≤ 1 mm	>1 mm，≤ 2 mm	>2 mm，≤ 3 mm	>3 mm	
		12 分	7 分	5 分	0 分	
	咬边	无咬边	深度≤ 0.5 mm 且长度≤ 15 mm	深度≤ 0.5 mm 且 15 mm< 长度≤ 30 mm	深度 >0.5 mm 或长度 >30 mm	
		12 分	8 分	5 分	0 分	
	电弧擦伤	无	有			
		5 分	0 分			
	焊缝层数	2 或 3	1 或 4			
		10 分	0 分			
	垂直度误差	0	≤ 1 mm	>1 mm，≤ 2 mm	>2 mm	
		5 分	3 分	2 分	0 分	
	焊缝周围 95% 范围内的焊渣、飞溅物等是否清除，并未破坏焊缝原始表面	是	否			
		5 分	0 分			

续表

焊件外观	检查项目	焊缝等级标准及配分				得分
		Ⅰ	Ⅱ	Ⅲ	Ⅳ	
正面	焊缝外表成形	优	良	一般	差	
		成形美观，鱼鳞均匀、细密，高低、宽窄一致	成形较好，鱼鳞均匀，焊缝平整	成形尚可，焊缝平直	焊缝弯曲，高低、宽窄不一致，有表面焊接缺欠	
		15 分	10 分	8 分	0 分	
	气孔	无气孔，5 分；有气孔，0 分				
	夹渣	无夹渣，5 分；有夹渣，0 分				
安全文明生产		合格 10 分；违反操作规程，视情况扣 1 ~ 10 分				

课题 7 防护罩壳的焊接

学习目标

1. 了解钣金展开的基本方法。
2. 掌握钣金展开料长的计算方法。
3. 能分析防护罩壳的装配工艺和焊接工艺。
4. 能独立完成防护罩壳的装配与焊接。

一、展开的基本概念与基本方法

1. 展开与展开图

将金属板壳构件的表面全部或局部，按其实际形状和大小，依次平铺在同一个平面上，称为构件的表面展开，简称展开。构件表面展开后构成的平面图形称为展开图。如图 2-7-1 所示为圆柱体、圆锥体的展开图。

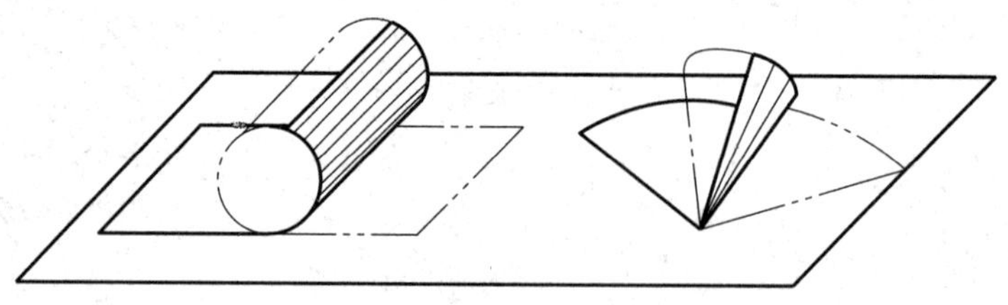

图 2-7-1 各形体的展开图

2. 展开的基本方法

展开的基本方法有平行线展开法、放射线展开法、三角形展开法三种。

（1）平行线展开法

将立体的表面看作由无数条相互平行的素线组成，取两相邻素线及两端线所围成的微小面积作为平面，只要将每一个小平面的真实大小依次顺序地画在平面上，就得到了立体表面的展开图。如图 2-7-2 所示为斜切圆管的展开。

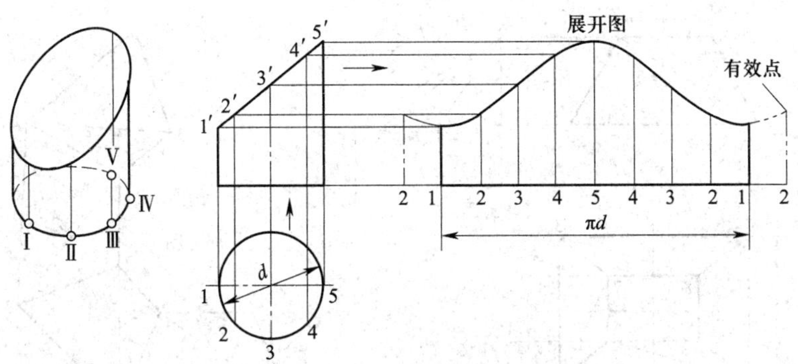

图 2-7-2　斜切圆管的展开

平行线展开法主要用于展开表面素线相互平行的立体，如棱柱体、圆柱体等。

（2）放射线展开法

将锥体表面用呈放射形的素线分割成共顶的若干小三角形平面，求出其实际大小后，以这些放射形素线为骨架，依次将它们画在同一个平面上，即得所求锥体表面的展开图。如图 2-7-3 所示为圆锥体的展开。

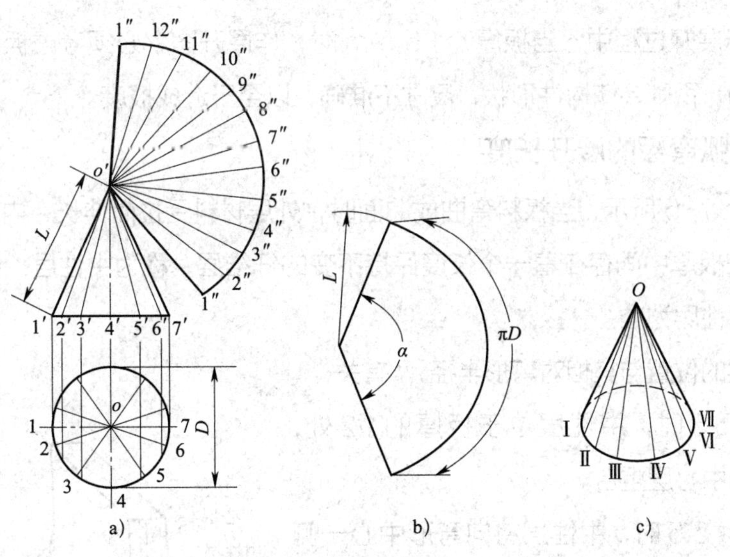

图 2-7-3　圆锥体的展开

放射线展开法主要适用于展开表面素线相交于一点的锥体，如正圆锥、棱锥等。

（3）三角形展开法

三角形展开法是以立体表面素线（棱线）为主，并画出必要的辅助线，将立体表面分割成一定数量的三角形平面，然后求出每个三角形的实形，并将其依次画在平面上，从而得到整个立体表面的展开图。如图 2-7-4 所示为正四棱锥筒的展开。

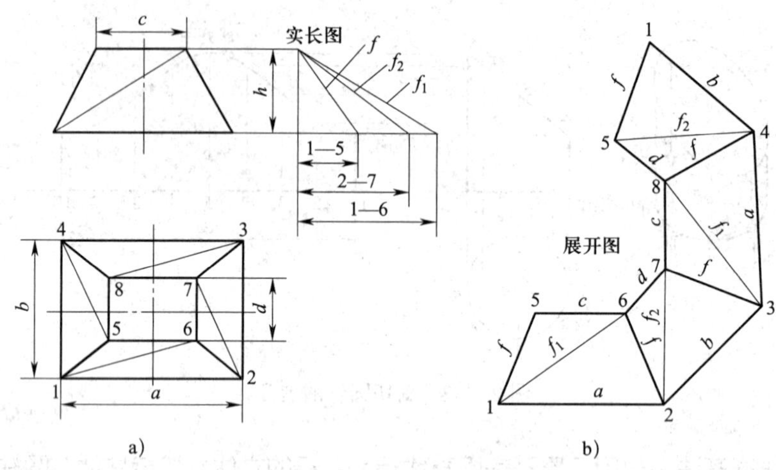

图 2-7-4　正四棱锥筒的展开

a）立体图　b）展开图

三角形展开法主要适用于展开各类形体。

二、展开料长的计算

在实际展开过程中，当板厚 t>1.5 mm 时，作展开图就必须考虑板厚对展开图尺寸的影响；否则会使构件形状、尺寸不准确，以至于造成报废。

1. 圆弧弯板的展开长度

如图 2-7-5 所示，当板料弯曲成曲面时，外层材料受拉而伸长，内层材料受压而缩短，在板厚中间存在着一个长度保持不变的纤维层，称为中性层。圆弧弯板展开长度以中性层为准。

中性层的位置与其相对弯形半径 r/t 有关：

当 r/t>5.5 时，中性层位于板厚的 1/2 处，即与板料的中心层重合。

当 r/t ≤ 5.5 时，中性层将向弯形中心一侧移动。

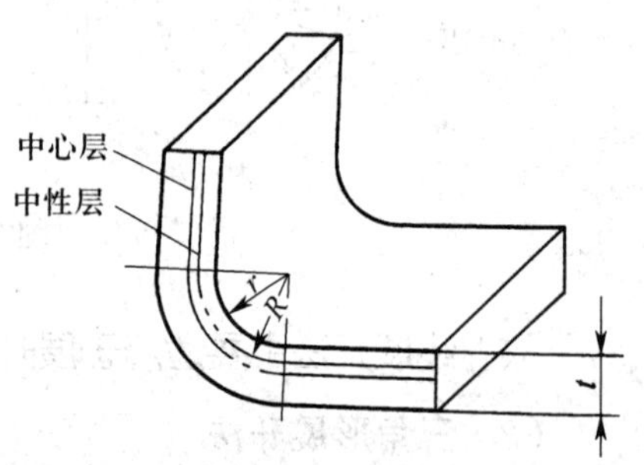

图 2-7-5　圆弧弯板中性层

中性层的位置可由下列公式计算：

$$R=r+Kt$$

式中　R——中性层半径，mm；

r——弯板内弧半径，mm；

K——中性层位置系数，见表 2-7-1；

t——板料厚度，mm。

表 2-7-1　中性层位置系数

r/t	≤ 0.1	0.2	0.25	0.3	0.4	0.5	0.8	1.0	1.5	2.0	3.0	4.0	5.0
K	0.23	0.28	0.3	0.31	0.32	0.33	0.34	0.35	0.37	0.40	0.43	0.45	0.48
K_1	0.3	0.33		0.35		0.36	0.38	0.40	0.42	0.44	0.47	0.475	0.48

注：K——适用于有压料情况下的 V 形或 U 形压弯。

K_1——适用于无压料情况下的 V 形压弯。

其他弯形情况下，通常取 K 值。

2. 折角弯板的展开长度

在钣金折弯中，有时折弯内层没有圆角或圆角很小（r<0.3t）时，可用简易计算法（折弯的展开长度按其内表面尺寸计算），如图 2-7-6 所示折角弯板的展开长度计算公式为：

$$L=A+B-2t$$

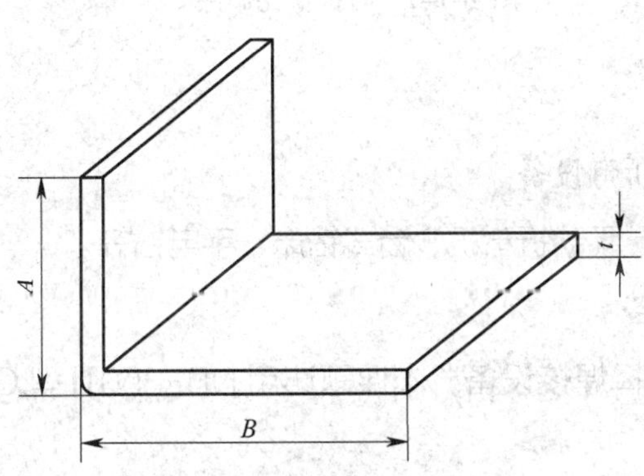

图 2-7-6　折角弯板的展开长度

三、技能操作

按图样要求，独立完成如图 2-7-7 所示防护罩壳的制作与焊接，工时为 4 h。

1. 图样分析

该焊件为钣金罩壳类组件，由两个零件组成，材料为 Q235 钢，材料厚度为 1.5 mm，可采用 CO_2 焊进行焊接，焊后对焊缝进行打磨，保证美观性。件 2 中间 U 形槽口切除后，剩余两侧板材尺寸较小，焊接时容易产生变形，因此，可采用整体焊接完成后，再对件 2 的 U 形槽口进行切除，以较好地防止焊后变形。

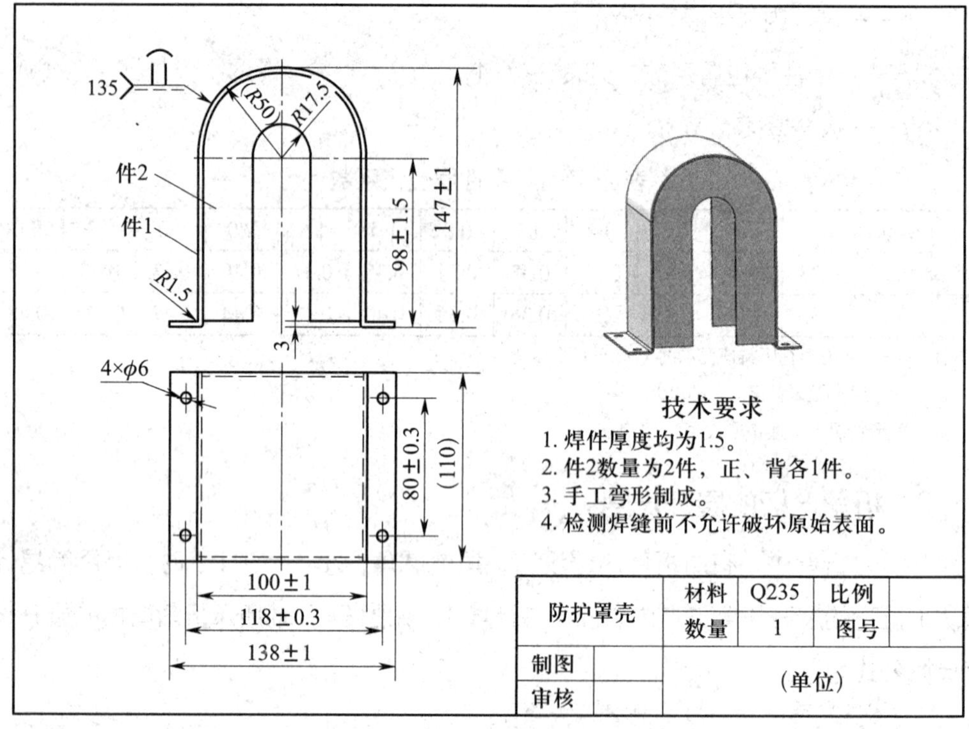

图 2–7–7　防护罩壳焊件图样

2. 制作准备

(1) 准备下料、折弯设备

准备手动剪板机、手动折弯机、台式钻床、手电钻等。

(2) 准备焊接设备

根据现有条件选择焊接设备，本课题选用 NB-350Ⅲ型 CO_2 焊焊机，电源极性选择直流反接。

(3) 准备辅助工具

准备锤子、矫正夹具、锉刀、尖嘴钳、焊接防护面罩等。

(4) 准备画线工具及量具

准备钢直尺、石笔、焊接检验尺、游标卡尺等。

(5) 准备焊接材料

选用 ER50-6 型焊丝，直径为 1.2 mm，CO_2 气体纯度≥ 99.5%。

3. 安全防护

按钳工和焊工要求做好相应防护措施。

4. 下料操作

（1）根据图样计算件 1 展开料长，该零件按中性层计算料长，可将其分为直线段 1、3 和圆弧段 2、4，如图 2-7-8 所示，分别求出每段的实际料长：

1 段直边长 =（138-100）mm ÷ 2-1.5 mm=17.5 mm；

3 段直边长 =98 mm -1.5 mm -1.5 mm=95 mm；

2 段圆弧长，从图 2-7-8 中可知 $R_{内}/t=\frac{1.5\ \text{mm}}{1.5\ \text{mm}}=1$，查表 2-7-1 得 K=0.35，则 2 段圆弧半径 $=R_{内}+Kt$=1.5 mm+0.35 × 1.5 mm=2.025 mm；2 段圆弧长 = $\pi d/4=\pi$ × 2.025 mm × 2 ÷ 4 ≈ 3.18 mm；

4 段圆弧长，从图 2-7-8 中可知 $R_{内}/t=\frac{50\ \text{mm}-1.5\ \text{mm}}{1.5\ \text{mm}}>5.5$，中性层位于板厚的中心，其长度 $=\pi d/2=\pi$ ×（100-1.5）mm ÷ 2 ≈ 154.7 mm；

展开料总长 =（直线段 1+ 圆弧段 2+ 直线段 3）× 2+ 圆弧段 4

=（17.5+3.18+95）mm × 2+154.7 mm ≈ 386 mm

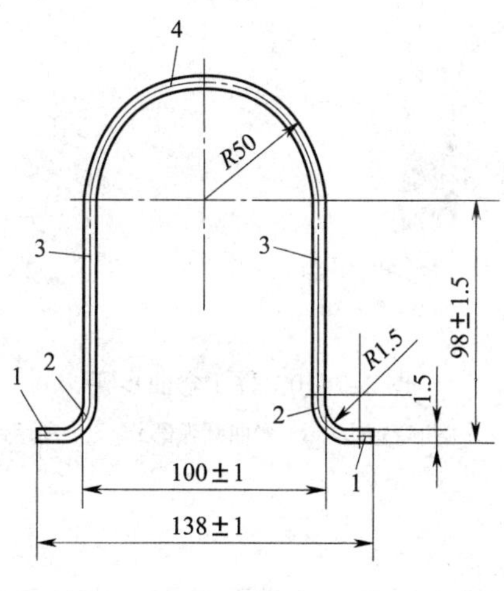

图 2-7-8 料长的计算

（2）根据零件外形及尺寸要求进行剪切下料，保证切口质量及尺寸要求，下料尺寸及外形如图 2-7-9 所示（件 2 暂时不切除 U 形槽口）。

5. 弯曲操作

对件 1 进行弯曲操作，可先画出折弯线（或利用折弯机的定位装置定位），先折弯两端短边，再弯曲圆弧部分。在弯曲圆弧部分时，可利用件 2 作为弯曲的样板，对圆弧度进行检测。弯曲过程要不断矫正，直至达到理想的配合状态为止。件 1 弯曲步骤如图 2-7-10 所示。

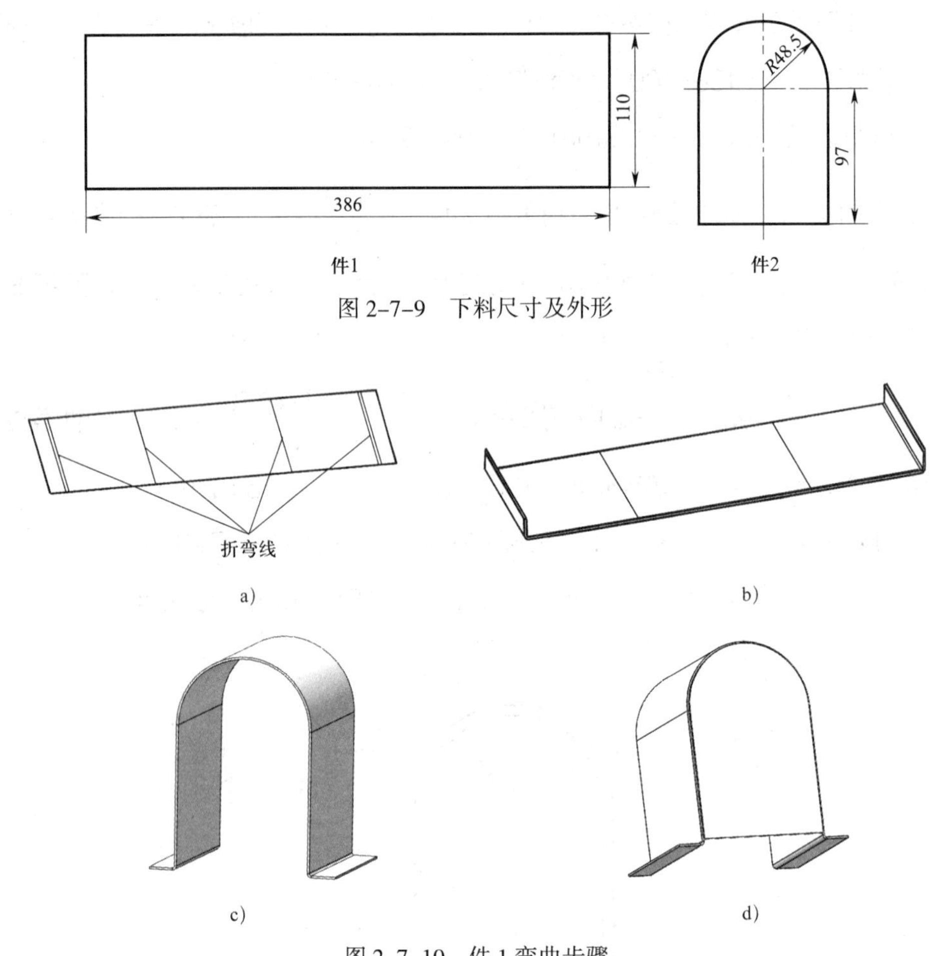

图 2-7-9　下料尺寸及外形

图 2-7-10　件 1 弯曲步骤

a）画折弯线　b）折弯短边　c）弯曲圆弧部分　d）利用件 2 进行检测

6. 装配及定位焊

从图样可知，件 2 的外表面与件 1 的两端面分别处于对齐状态（在同一个平面内），因此，装配时可利用装焊平台作为两零件的定位平面，将件 1 置于平台上，件 2 塞入件 1 的底部，对好四周的间隙及位置后进行定位焊，由于板料较薄，装配时不留间隙，每隔 30 mm 进行一处定位焊。装配图如图 2-7-11 所示。

7. 焊接操作

（1）利用相同板厚的边角料进行焊接电流与电弧电压的调试，调整焊接电流、电弧电压的大小时，以保证焊接电弧的稳定性和不烧穿板料为准。

（2）对焊件进行焊接，焊接时单面尽量一次焊完，以减少接头数量，焊接时应注意以下几点：

1）保持正确的焊枪角度。焊枪后倾角为 75° ~ 85°，与板两侧的夹角为 90°，如图 2-7-12 所示。

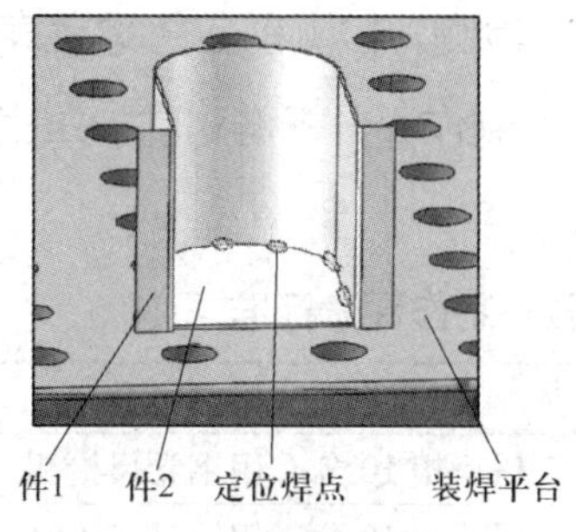

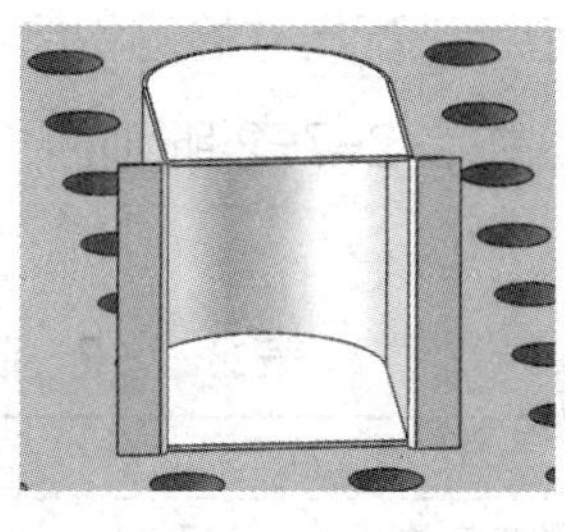

图 2-7-11　装配图

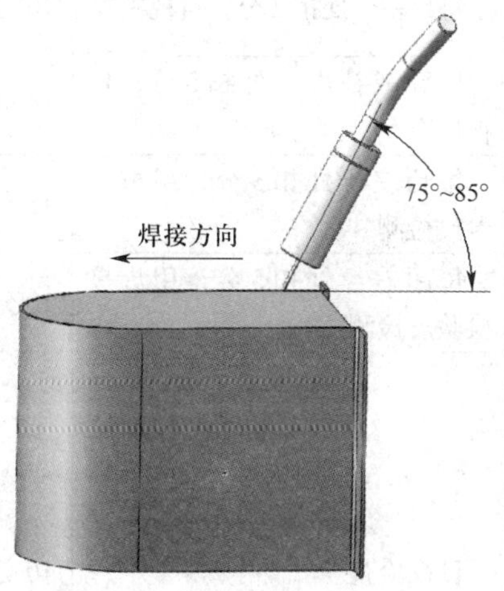

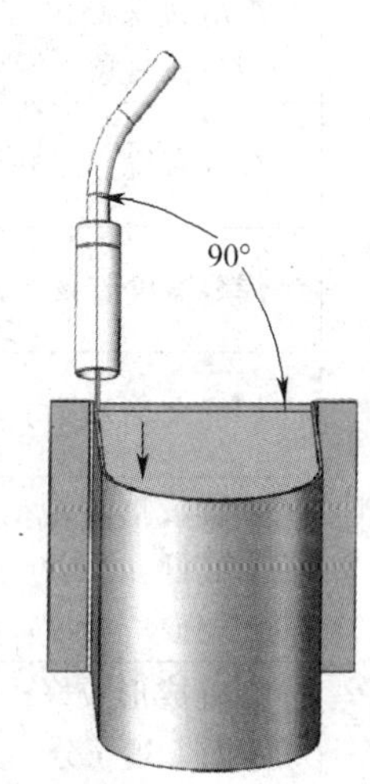

图 2-7-12　焊枪角度

2）保持较短的焊丝伸出长度，在保证视线能观察电弧的前提下，尽可能压低焊枪进行焊接，以保证焊接电弧的稳定性。

3）如果有烧穿趋势，焊枪可适当摆动，以降低熔池温度，防止烧穿。

4）焊接收尾处应注意填满弧坑，采用反复断弧法收弧。

8. 焊接结束

焊接结束，关闭焊机电源、气瓶阀门、流量计旋钮，将地线、焊枪、气管等归位，清扫工位，擦拭焊机。

9. U 形槽的切除和孔的加工

焊接结束后，清理焊渣、飞溅物等，对 U 形槽和孔进行画线，切除 U 形槽余料并钻孔。

10. 质量检测

质量检测包括装配尺寸检测和焊缝质量检测，检测前应将焊缝表面及周边的飞溅物清理干净。按表 2-7-2 所列的防护罩壳制作评分标准对防护罩壳的制作质量进行检测。

表 2-7-2　防护罩壳制作评分标准

检查项目	检查技术标准	评分标准及检测量具	配分	得分
外形尺寸	防护罩壳高度（147 ± 1）mm	超差扣 10 分，用钢卷尺检测	10 分	
	防护罩壳宽度（100 ± 1）mm	超差扣 10 分，用钢卷尺检测	10 分	
	防护罩壳总宽度（138 ± 1）mm	超差扣 5 分，用钢卷尺检测	5 分	
焊缝质量	焊缝接头圆滑过渡，无明显脱节或过高现象	每超差一处扣 2 分，目视检查	10 分	
	焊缝有烧穿或补焊处	烧穿或补焊一处扣 5 分，目视检查	10 分	
	焊缝宽度差 ≤ 1 mm	每超差一处扣 5 分，用游标卡尺检测	15 分	
	焊缝余高差 ≤ 1 mm	每超差一处扣 5 分，用焊接检验尺检测	10 分	
	焊缝成形美观，鱼鳞均匀、细密，高低、宽窄一致，成形较好，得 10 分	目视检查	10 分	
	焊缝成形较好，鱼鳞均匀，焊缝平整，得 7 分			
	焊缝成形尚可，焊缝平直，得 5 分			
	焊缝弯曲，高低、宽窄不一致，有表面焊接缺欠，不得分			
外观及变形	做工粗糙，变形严重	酌情扣 1 ~ 10 分，目视检查	10 分	
安全文明生产	违反操作规程，不按要求穿戴焊接防护用品	酌情扣 1 ~ 10 分	10 分	

课题 8
支架的焊接

学习目标

1. 了解装配的三个基本条件。
2. 认识装配平台及配套附件，了解其功用。
3. 能分析支架的装配工艺和焊接工艺。
4. 能独立完成支架的装配与焊接。

一、装配的基本条件

进行金属结构的装配必须具备定位、夹紧、测量三个基本条件。

1. 定位

定位是指确定零件在空间的位置或零件间的相对位置。如图 2-8-1 所示为在平台 6 上装配工形梁，工形梁两翼缘板 4 的相对位置由腹板 3 和挡铁 5 来定位，腹板的高低由垫块 2 来定位，平台工作面既是整个工形梁的定位基准面，又是结构装配的支承面。

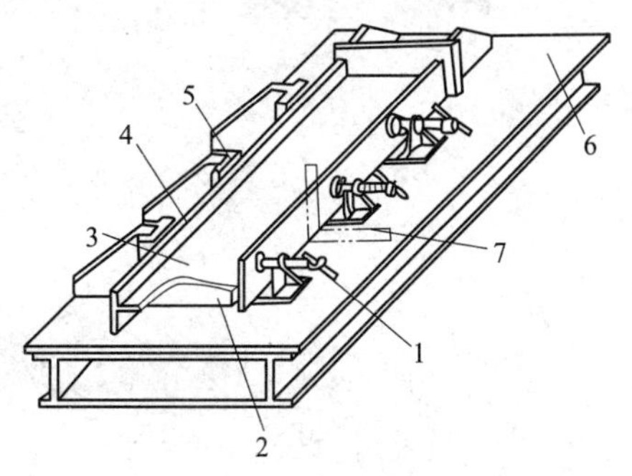

图 2-8-1　工字梁的装配

1—调节螺杆　2—垫块　3—腹板　4—翼缘板　5—挡铁　6—平台　7—直角尺

2. 夹紧

夹紧是指借助通用或专用夹具的外力将已定位的零件加以固定的过程。如图 2-8-1 所示，翼缘板与腹板间相对位置确定后，通过调节螺杆 1 实现夹紧。

3. 测量

测量是指在装配过程中，对零件间的相对

位置和各部件尺寸进行一系列的技术测量，从而鉴定定位的正确性和夹紧的效果，以便于进行调整。

二、装配平台及配套附件

装配平台及配套附件是根据装配基本条件设计的，在装配过程中起定位、夹紧等作用。焊接用的装配平台及配套附件种类较多，下面介绍常用的焊接三维柔性平台及配套夹具。

1. 装配平台

焊件一般在装配平台上进行装配，装配平台一般水平放置，且其工作表面要达到一定的硬度和平面度，焊接常用的有铸铁平台、钢结构平台、导轨平台等。如图 2-8-2 所示为铸铁三维柔性平台，用于结构件的装配、焊接等。

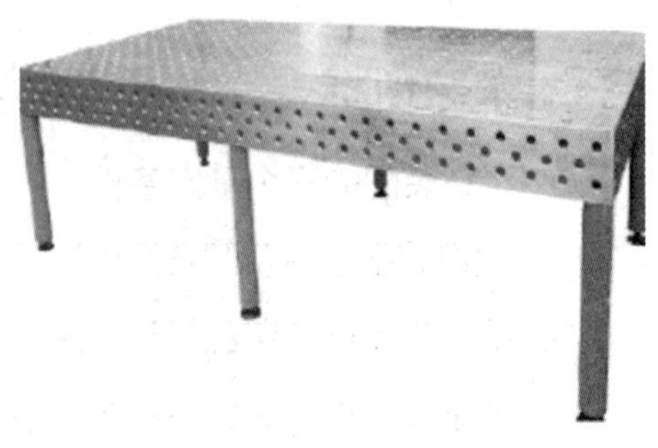

图 2-8-2　铸铁三维柔性平台

2. 支承件

三维柔性平台配套的支承件主要有支承角铁、U 形方箱、L 形方箱、角度器、角形连接块等，如图 2-8-3 所示。装配过程可用于零件的支承或定位。

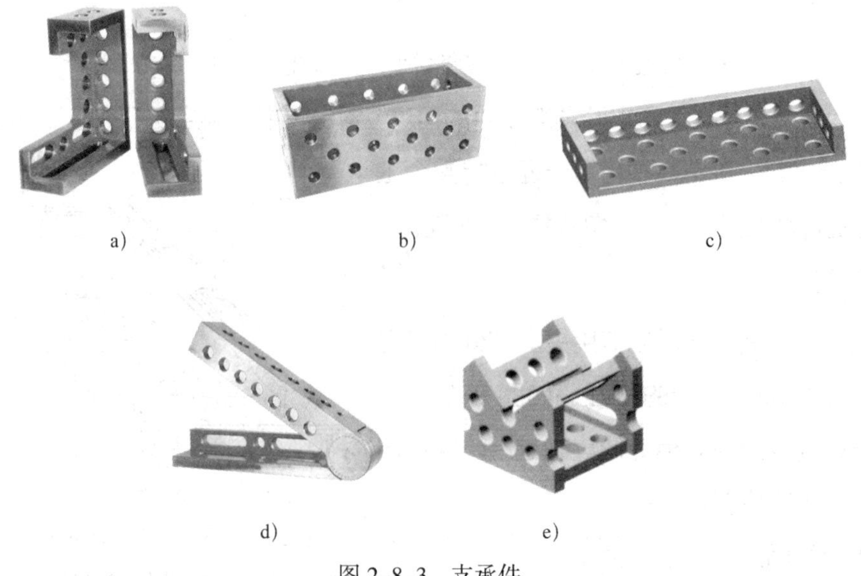

a)　b)　c)　d)　e)

图 2-8-3　支承件

a）支承角铁　b）U 形方箱　c）L 形方箱　d）角度器　e）角形连接块

3. 定位件

定位件用于确定零件的位置，常用的有定位角尺、定位平尺、平面角尺等，如图 2-8-4 所示。

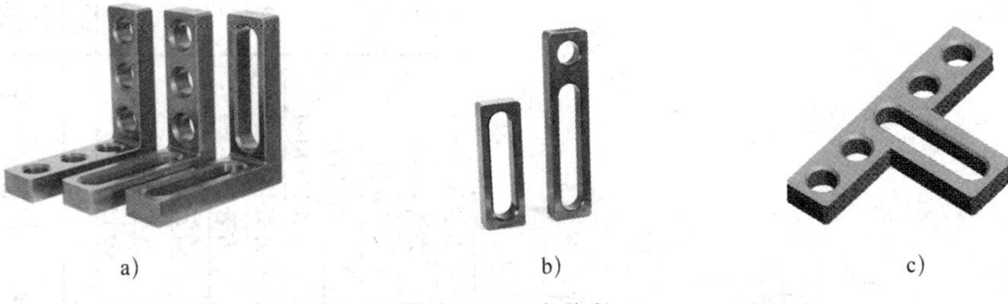

a)　　b)　　c)

图 2-8-4　定位件

a）定位角尺　b）定位平尺　c）平面角尺

4. 夹紧件

夹紧件主要用于装配时零件的夹紧，其常见形式如图 2-8-5 所示。

图 2-8-5　夹紧件

5. 锁紧件

锁紧件用于锁紧各种零件，其外形如图 2-8-6 所示。

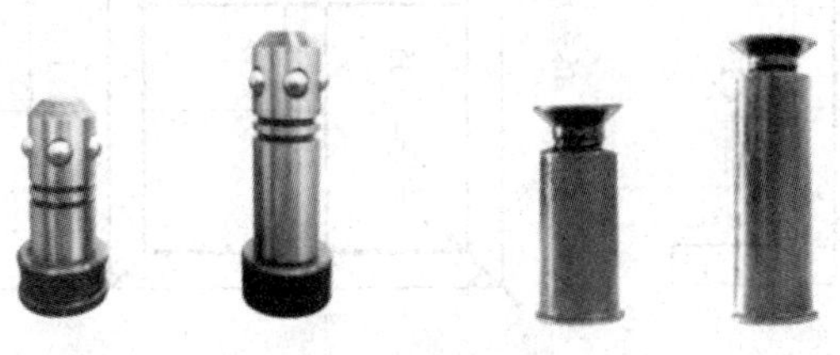

图 2-8-6　锁紧件

三、技能操作

按图样要求，独立完成如图 2-8-7 所示支架的制作与焊接，工时为 8 h。

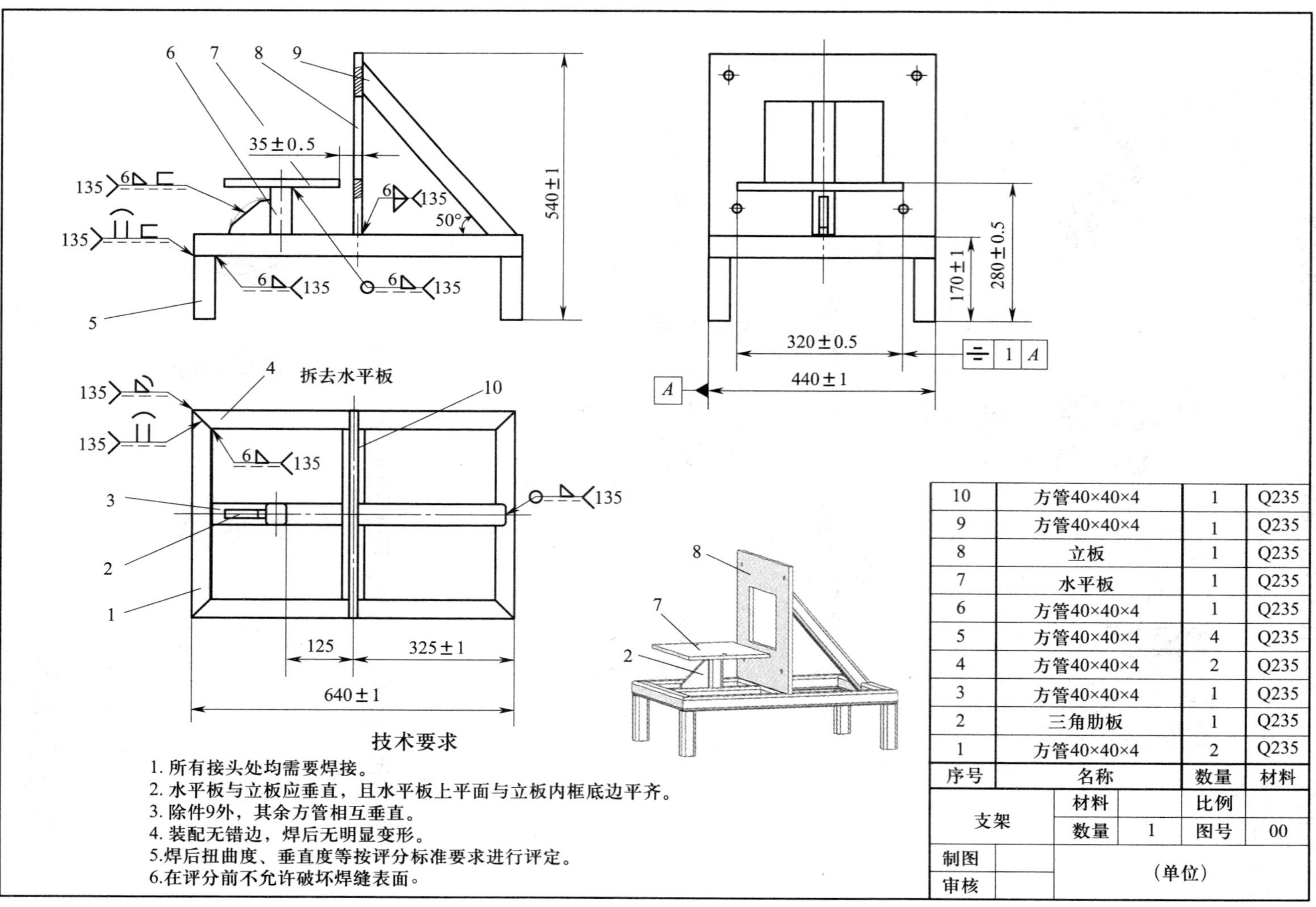

技术要求

1. 所有接头处均需要焊接。
2. 水平板与立板应垂直，且水平板上平面与立板内框底边平齐。
3. 除件9外，其余方管相互垂直。
4. 装配无错边，焊后无明显变形。
5.焊后扭曲度、垂直度等按评分标准要求进行评定。
6.在评分前不允许破坏焊缝表面。

序号	名称		数量	材料
10	方管40×40×4		1	Q235
9	方管40×40×4		1	Q235
8	立板		1	Q235
7	水平板		1	Q235
6	方管40×40×4		1	Q235
5	方管40×40×4		4	Q235
4	方管40×40×4		2	Q235
3	方管40×40×4		1	Q235
2	三角肋板		1	Q235
1	方管40×40×4		2	Q235
支架	材料		比例	
	数量	1	图号	00
制图		（单位）		
审核				

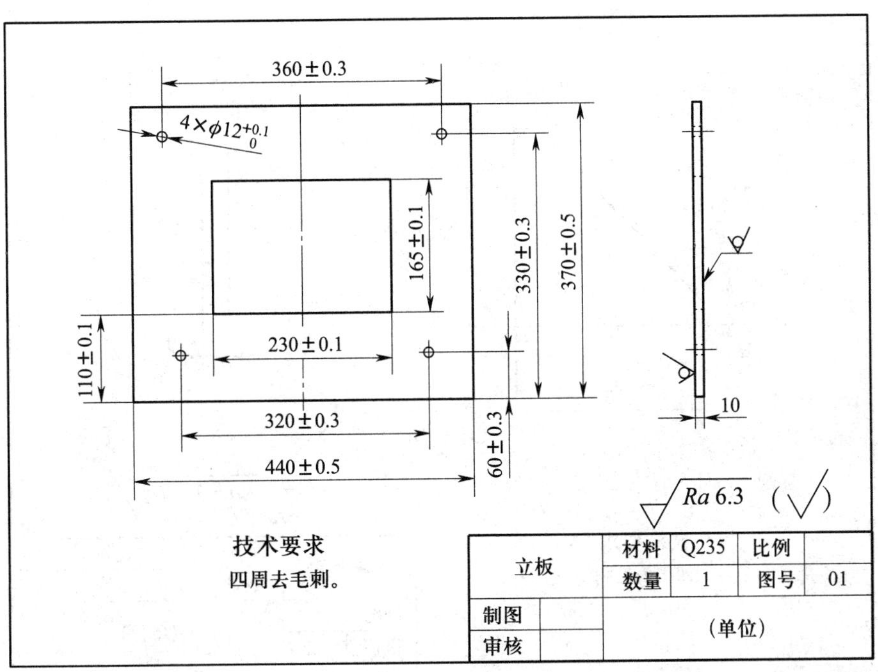
360±0.3
4×φ12+0.1 0
165±0.1
330±0.3
370±0.5
110±0.1
230±0.1
320±0.3
440±0.5
60±0.3
10
Ra 6.3
技术要求
四周去毛刺。
立板
材料
Q235
比例
数量
1
图号
01
制图
审核
(单位)

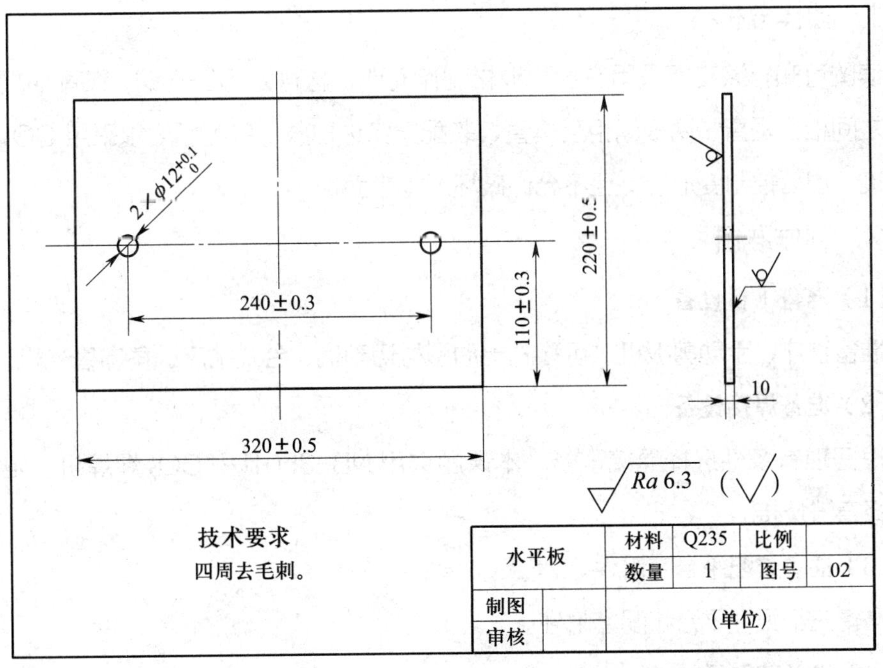
2×φ12+0.1 0
220±0.5
110±0.3
240±0.3
320±0.5
10
Ra 6.3
技术要求
四周去毛刺。
水平板
材料
Q235
比例
数量
1
图号
02
制图
审核
(单位)

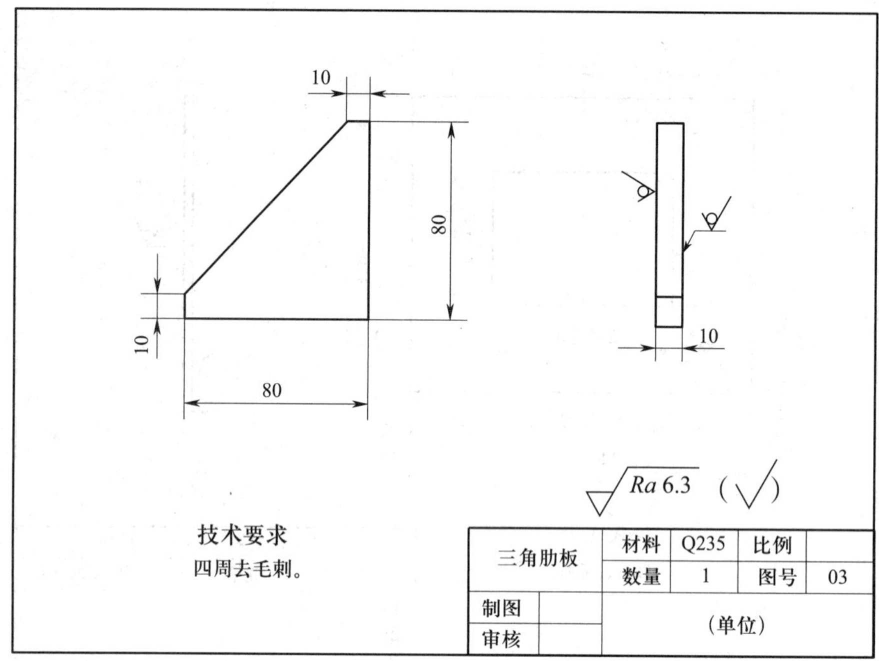

图 2–8–7　支架装配图及零件图

1. 图样分析

读图可知，该支架采用方管和板材制作而成，材料为 Q235 钢，装配时要求各方管之间相互垂直、两板间相互垂直、装配无错边现象；装配后要求采用 CO_2 焊进行焊接，焊后控制变形量，且不允许破坏焊缝表面。

2. 制作准备

（1）准备下料设备

准备铣床、手动剪板机、可移式电动型材切割机、台式钻床、角向磨光机。

（2）准备焊接设备

根据现有条件选择焊接设备，本课题选用 NB–350Ⅲ型 CO_2 焊焊机，电源极性选择直流反接。

（3）准备装配平台及附件

准备三维柔性平台和配套附件。

（4）准备辅助工具

准备锤子、矫正夹具、锉刀、尖嘴钳、焊接防护面罩等。

（5）准备画线工具及量具

准备钢直尺、石笔、焊接检验尺、游标卡尺等。

（6）准备焊接材料

选用 ER50-6 型焊丝，直径为 1.2 mm，CO_2 气体纯度≥ 99.5%。

3. 安全防护

按钳工和焊工要求采取相应防护措施。

4. 下料操作

根据图样尺寸要求，对各方管进行画线，利用可移式电动型材切割机对其进行下料，保证切口角度和长度；板材采用剪床或直线火焰切割机下料，后经铣削加工，以保证尺寸精度，所有切口处均将毛刺打磨干净。

5. 装配与焊接

该支架的特点是焊接接头多，焊缝较密集，若装配或焊接工艺不当，极易产生变形，整个支架的制作难点是在保证整体变形较小的前提下达到图样中要求的尺寸及技术要求。为了控制焊接变形，采用随装随焊的装焊顺序，以保证变形量较小。装焊顺序如图 2-8-8 所示。

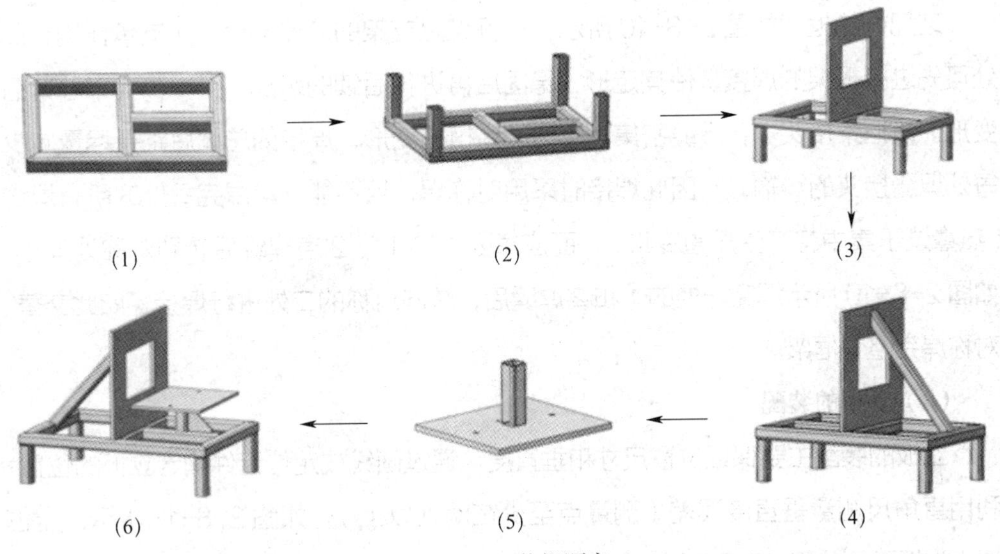

图 2-8-8　装焊顺序

（1）装四方框　（2）装四个“脚”　（3）装立板　（4）装斜支承管
（5）装水平板与支承管　（6）装水平板组件

（1）四方框的装配

在装焊平台上，利用角形连接块确定零件尺寸和垂直度，并利用快速夹具夹紧各杆件，确保位置和尺寸无误后，进行定位焊，注意定位焊点不要影响下一步骤中

四个“脚”的安装。四方框的装配如图 2-8-9a 所示。

（2）四个“脚”的装配与焊接

采用倒装法将四个“脚”放入四方框对应的角中，利用定位件定位，并用夹具夹紧，然后进行定位焊，如图 2-8-9b 所示。

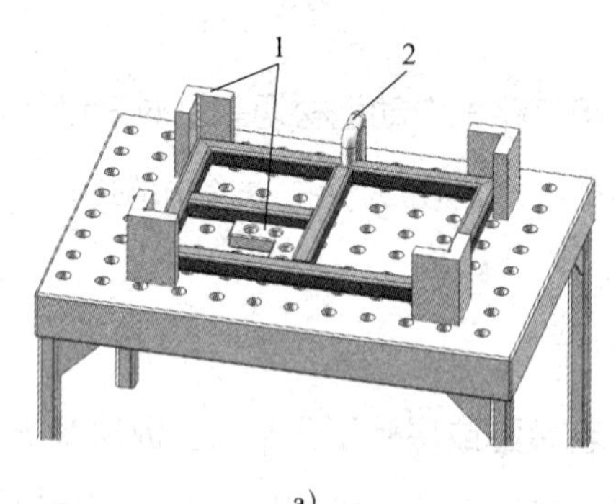

a）

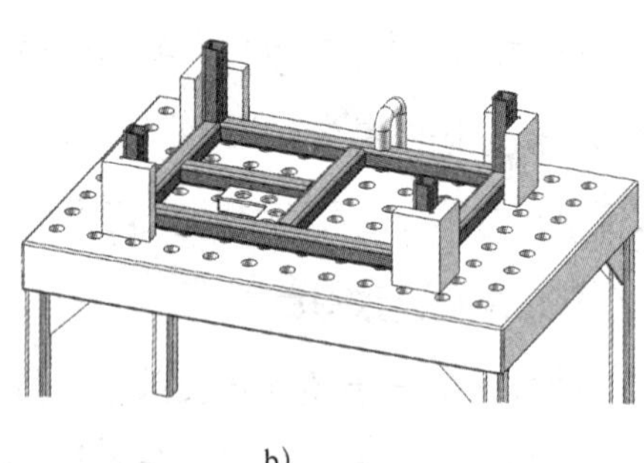
b）

图 2-8-9　框架的装配

a）四方框的装配　b）四个“脚”的装配

1—定位件　2—快速夹具

装配好的框架如图 2-8-10 所示，该框架是支架的底座部分，起支承作用，此处可先进行框架的焊接，使其定形、稳固后再进行后续的装配，可减少支架总体的变形。该框架接头多，焊缝密集，容易产生扭曲变形，焊接的总体思路是尽量减少每处焊缝接头的热输入，因此焊接时采用对称焊，且不能一次焊完每处的所有焊缝（热量过于集中将产生严重变形），而应每处焊完 1 ~ 2 道焊缝后转到对称处焊接。如图 2-8-10 所示焊完一处的①和②焊缝后，转向对称的二处进行焊接，如此交替、对称焊完整个框架。

（3）立板的装配

立板的装配主要保证位置尺寸和垂直度。通过画线或定位元件确定立板的位置，利用直角尺测量垂直度误差（测量点至少在两处以上），如图 2-8-11 所示。定位焊点为板两侧往里 40 ~ 50 mm 处，正、反均需进行定位焊，定位焊后保证立板的垂直度。装配后的立板暂时不焊接。

（4）斜支承管的装配与焊接

斜支承管的装配要保证 50°的角度，该角度测量较困难，可将某一厚度的板材置于框架平面内作为辅助测量基准，如图 2-8-12 所示。保证好位置和角度后进行定位焊。

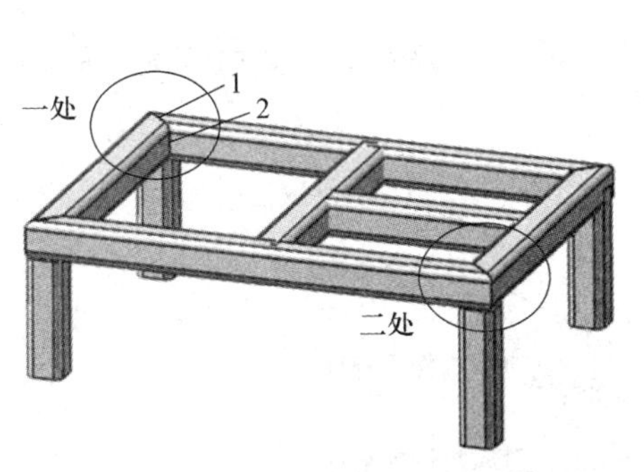

图 2-8-10　四方框的焊接

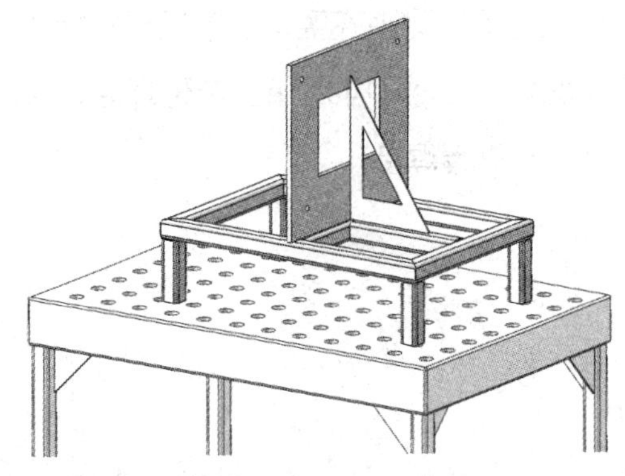

图 2-8-11　立板的装配

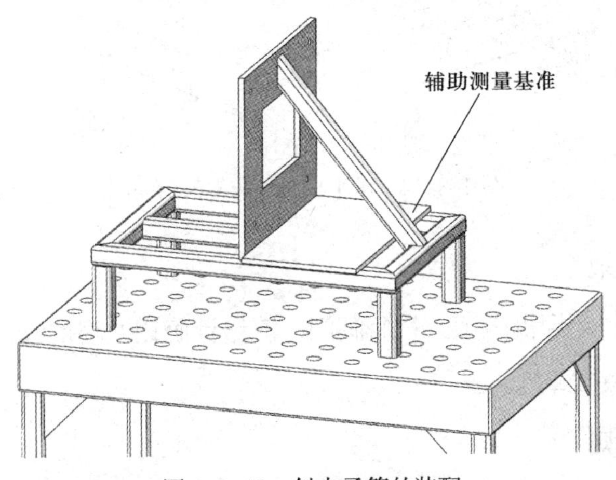

图 2-8-12　斜支承管的装配

装配好的斜支承管对立板起到支承、稳固作用，此时，可以对立板和斜支承管进行焊接，焊接时，先焊接立板，后焊接斜支承管，采用对称焊，尽可能减小变形量。

（5）水平板与支承管的装配与焊接

如图 2-8-13 所示，采用倒装法装配水平板与支承管，保证尺寸和垂直度，并采用对称焊，直接将其焊接完毕。

（6）水平板组件与框架的装配与焊接

水平板组件的装配主要应保证位置尺寸及其与立板的垂直度，同时保证水平板上平面与立板四方槽底边平齐。装配时，为保证水平板上平面与立板内框底边平齐，可利用可调支承件调整水平板的高度，利用钢直尺

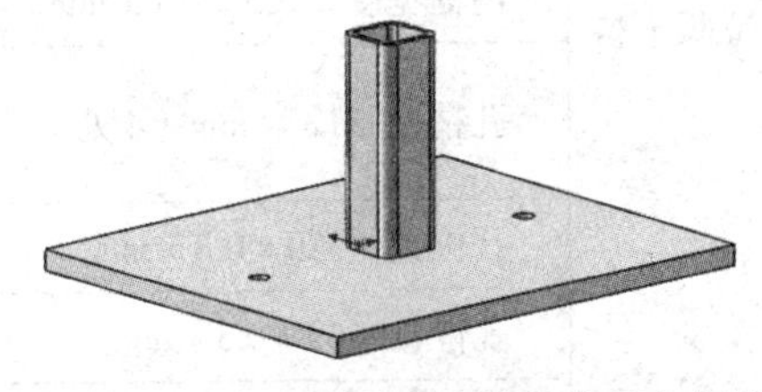

图 2-8-13　水平板与支承管的装配与焊接

或直角尺检测平齐度；水平板与立板的垂直度用直角尺检测。水平板组件与框架的装配如图 2-8-14 所示。定位焊后，焊缝采用对称焊，将其焊接完毕再装配三角肋板，并进行焊接。

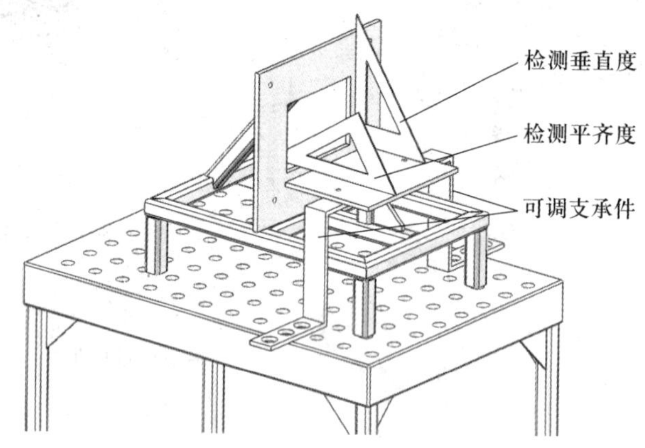

图 2-8-14　水平板组件与框架的装配

6. 焊接结束

焊接结束，关闭焊机电源、气瓶阀门、流量计旋钮，将地线、焊枪、气管等归位，清扫工位，擦拭焊机。

7. 质量检测

质量检测包括装配尺寸检测和焊缝质量检测，检测前应将焊缝表面及周边的飞溅物清理干净。按表 2-8-1 所列的支架制作评分标准对支架制作质量进行检测。

表 2-8-1　支架制作评分标准

检查项目	检查技术标准	评分标准及检测量具	配分	得分
立板下料	立板长度（440 ± 0.5）mm	超差不得分，用钢卷尺检测	1 分	
	立板宽度（370 ± 0.5）mm	超差不得分，用钢卷尺检测	1 分	
	内框与底边距离（110 ± 0.1）mm	超差不得分，用游标卡尺检测	1 分	
	内框长度（230 ± 0.1）mm	超差不得分，用游标卡尺检测	1 分	
	内框宽度（165 ± 0.1）mm	超差不得分，用游标卡尺检测	1 分	
	孔精度 $\phi 12^{+0.1}_{0}$ mm（4 处）	每超差一处扣 1 分，用游标卡尺检测	4 分	
	孔位置（320 ± 0.3）mm	超差不得分，用游标卡尺检测	1 分	
	孔位置（60 ± 0.3）mm	超差不得分，用游标卡尺检测	1 分	
	孔位置（330 ± 0.3）mm	超差不得分，用游标卡尺检测	1 分	

续表

检查项目	检查技术标准	评分标准及检测量具	配分	得分
水平板下料	水平板长度（320 ± 0.5）mm	超差不得分，用钢卷尺检测	1 分	
	水平板宽度（220 ± 0.5）mm	超差不得分，用钢卷尺检测	1 分	
	孔精度 $\phi 12^{+0.1}_{0}$ mm（2 处）	每超差一处扣 1 分，用游标卡尺检测	2 分	
	孔位置（240 ± 0.3）mm	超差不得分，用游标卡尺检测	1 分	
	孔位置（110 ± 0.3）mm	超差不得分，用游标卡尺检测	1 分	
框架尺寸	框架长度（640 ± 1）mm	超差不得分，用钢卷尺检测	1 分	
	框架宽度（440 ± 1）mm	超差不得分，用钢卷尺检测	1 分	
	框架总高（540 ± 1）mm	超差不得分，用钢卷尺检测	1 分	
	框架高度（170 ± 1）mm	超差不得分，用钢卷尺检测	1 分	
	焊后平放无扭曲 ± 2 mm	超差不得分，用塞尺检测	1 分	
	框架焊后垂直度 ± 2°（12 处）	每超差一处扣 1 分，用直角尺检测四个“脚”和外围大框架垂直度	12 分	
立板尺寸	立板位置（325 ± 1）mm	超差不得分，用钢卷尺检测	1 分	
	立板垂直度 ± 1°	超差不得分，用直角尺检测	1 分	
水平板尺寸	水平板位置（35 ± 0.5）mm	超差不得分，用钢卷尺检测	1 分	
	水平板位置（280 ± 0.5）mm	超差不得分，用钢卷尺检测	1 分	
	水平板对称度 ⌯ 1 A	超差不得分，用钢卷尺检测	1 分	
	水平板与立板垂直度 ⊥ 1°	超差不得分，用直角尺检测	1 分	
	水平板上平面与立板内框底边平齐	超差不得分，用直角尺检测	1 分	
焊缝质量	⌒‖ 焊缝：焊缝平直、饱满，无下凹、焊偏、烧穿等	每超差一处扣 1 分，目视检查	21 分	
	6◺ 焊缝：焊脚对称，焊脚尺寸为 4 ~ 7 mm，无烧穿、焊偏等	每超差一处扣 1 分，目视或用焊接检验尺检测	17 分	
	无接头脱节、过高；收尾下塌、首尾不连接等	每超差一处扣 1 分，目视检查	10 分	
安全文明生产	劳动保护用品穿戴齐全，焊接过程中无违反安全操作规程的现象，场地清理干净，工具摆放整齐	酌情扣 1 ~ 10 分	10 分	

世界技能大赛知识普及（2）

国手是怎样炼成的

1．国手的选拔

世界技能大赛选手是国家形象的代言人，因此，必须确保选拔出最优秀的选手为国出征。选拔主要分两个阶段。第一个阶段是全国选拔。这个阶段类似于海选，在各地、各部门初赛的基础上，人力资源和社会保障部组织开展世界技能大赛全国选拔赛，根据选手成绩，最终每个参赛项目约有 10 人入选国家集训队。第二个阶段是集训选拔。主要是依托世界技能大赛中国集训基地，对入选国家集训队的选手进行集训，并根据集训安排进行“十进五”“五进三”“三进二”“二进一”的阶段性考核选拔，最后选出 1 名最优秀的选手代表祖国出征，可谓大浪淘沙。可以说，最终代表国家出征的参赛选手，每一位都经历了层层选拔，经历了常人无法想象的艰苦历程。正因为如此，他们才能够凭借精湛的技艺和强大的心理素质，最终在国际技能竞赛的舞台上一展身手，取得优异成绩。我国对世界技能大赛全国选拔赛的组织是非常严密的，每届世界技能大赛全国选拔赛开始前，人力资源和社会保障部都会出台详细的《竞赛技术规则》，要求全国选拔赛本着公平、公正、公开等原则组织实施。世界技能大赛全国选拔赛与我国的职业技能竞赛是紧密结合的。我国职业技能竞赛始于 20 世纪 50 年代，具有广泛的群众基础。我国职业技能竞赛活动实行分级、分类管理。竞赛活动分为国家、省和地市三级。国家级职业技能竞赛活动又分为两类：跨行业、跨地区的竞赛活动为国家级一类竞赛（由人力资源和社会保障部牵头）；单一行业的竞赛活动为国家级二类竞赛（由各行业相关机构会同人力资源和社会保障部共同组织）。从 2004 年开始，人力资源和社会保障部将全国各级各类竞赛活动进行整合，组织开展“全国职业技能竞赛系列活动”，每年参加竞赛的企业职工和院校学生超过 1 000 万人次，涉及上百个职业（工种）。从 2014 年开始，纳入人力资源和社会保障部竞赛计划的各级各类职业技能竞赛全部冠以“中国技能大赛”的称谓，进一步完善了职业技能竞赛制度。举办中国技能大赛对整体推进我国技能人才队伍建设，激发广大技能劳动者学习业务、钻研技术、提高技能发挥了重要作用。

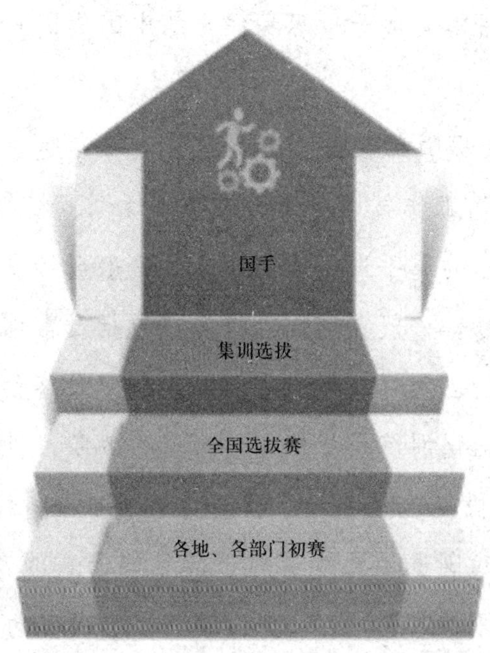

2．项目集训基地

世界技能大赛各项目的集训基地遍布我国的大江南北，有的设在技工院校等职业院校，有的设在行业组织（集团公司）。每届世界技能大赛的中国集训基地都会根据实际情况做适当调整。第 45 届世界技能大赛有 218 家企业、院校或培训机构作为世界技能大赛中国集训基地，为中国技能走向世界贡献力量。

人力资源和社会保障部制定的《世界技能大赛参赛管理暂行办法》中对各项目集训基地的确定设定了明确的条件和程序。各企业、院校、培训机构只有在满足下面这些条件时才可申请设立世界技能大赛参赛项目集训基地：第一，具有满足竞赛项目要求的训练场地和生活场所。第二，具有满足竞赛项目要求的设施、设备和辅助工具。第三，所在地省级人民政府或所在行业主管部门积极支持，并提供人力、物力、财力支持。争取成为世界技能大赛中国集训基地的单位，可以向世界技能大赛中国组委会提出申请，组委会在收到申报材料后，将对申报单位展开调研，评估申报单位在相关竞赛项目上所具有的优势，例如，考察申报单位是否有相应的场地资源、设备资源、符合要求的教练等。确定申报单位在该项目具有明显优势的情况下，才会批准其成为世界技能大赛中国集训基地，并授牌。

3．技能训练

人力资源和社会保障部在每届世界技能大赛参赛集训工作开始前都会专门研究印发《集训工作技术指导意见》，规划、组织好各项相关工作。在全国选拔赛中胜出的选手进入集训基地后一般会接受技能、体能和心理素质三个方面的训练。一般集训的训练环节包括日常训练和强化训练两个阶段。日常训练是指自项目集训工作启动到确定最终参赛选手阶段性考核之前的训练阶段；强化训练是指确定参赛选手的阶段性考核之后，到出国参赛之前的训练阶段。这里介绍三类非常重要的人物，正因为他们的专业、敬业和付出，我国选手才能够在世界技能大赛的竞技场上勇往直前，一次又一次地创造“惊喜”。他们就是每个参赛项目的技术指导专家、技术翻译和教练。三名技术指导专家、一名翻译、一个教练组等组成项目技术指导专家组，帮助选手提高技能和掌握技术规则，帮助选手成就技能冠军之梦。

● 技术指导专家。由全国知名且是该项目的资深专业技术人员担任，一般要求从事项目技术工作15年以上，有高级技师职业资格或副高级以上专业技术职务，专业技能高超，得到行业普遍认同。技术指导专家负责对选手训练的设计和把控。一般情况下，技术指导专家组的组长作为我国的专家，可以通过网络论坛与其他各国或地区的专家保持互动，研讨题目及评分细则，世界技能大赛比赛期间作为现场裁判之一履行考评职责。本国专家在比赛期间不能与选手进行交流，只能在非比赛时间才可与选手进行沟通。

● 技术翻译。世界技能大赛使用的试题、各阶段发布的各种信息均为英语。世赛组织规定，非英语成员国家或地区可以配置技术翻译。技术翻译主要负责收集世赛技术论坛上的大赛信息并将其翻译给团队；翻译本项目往届试题、项目技术文件；对选手进行专业英语培训和日常英语交流培训；在冲刺阶段对最新的项目文件进行翻译，并提供给专家、教练团队。在世界技能大赛比赛期间进行试题、评分表的翻译，负责完成选手与专家间的信息传递。在世赛赛场，选手能够近距离接触到并在允许的情况下相互交流的人员只有技术翻译。

● 教练。教练是负责对选手实施日常训练、陪伴选手成长的老师，在技术指导专家组组长和选手之间起承上启下的作用，具体落实专家组组长的训练意图。世界技能大赛比赛期间，教练是不能与选手进行交流的。

各项目技术指导专家组组长在集训工作启动前，都会组织技术指导专家组成员与集训基地协商，制定出训练总体方案，确定训练目标，合理安排训练时间和训练内容，采取有效的训练方法。选手的训练都是由教练按照该项目世界技能大赛技术标准以及训练方案的要求来安排的，而且都是有针对性地开展训练。在训练中，选手不仅要注意提高自己的技能操作水平，还要注意养成良好的职业规范和遵守规则的意识，不能出现违反竞赛规则、操作规范和安全要求的行为。选手每天的训练表现和存在的问题，教练都会在训练结束时填写在选手的训练日志中。阶段性考核对于参加集训的选手来说是非常残酷的，每一轮阶段性考核后，都会有选手止步在冲击世界技能大赛的道路上，默默地离开集训基地。这些选手虽然没能登上世界技能大赛的舞台，但也是非常优秀的，能够入围世界技能大赛国家集训队本身就是一种莫大的荣誉，而且人力资源和社会保障部规定，这些选手还可以在现有职业资格等级基础上晋升一级职业资格。

4．体能训练

选手在日常训练过程中，除了接受技能训练外，还必须接受相应的体能训练，以确保选手有强健的体魄来应对世界技能大赛上高强度的操作过程。从世界技能大赛的项目设置来看，部分项目消耗脑力比较多、体力比较少，如平面设计技术、CAD机械设计等项目，但也有部分项目不但消耗脑力，还会长时间消耗大量体力，如砌筑、电气装置等项目。再加上赛场所在地的气候、饮食习惯、时差等因素的影响，选手只有具备充沛的体力和较强的适应能力，才能确保在大赛期间发挥出最佳水平。因此，选手在技能训练的同时会持续地进行一些基本的体能训练，以提高自身的身体素质。体能训练内容通常包括跑步等常见的体育锻炼项目和各种拓展训练。

5．心理素质训练

世界技能大赛的集训选手都会接受一定程度的心理素质训练，决赛场上，往往最终较量的就是选手的心理素质。选手长期处于高度紧张状态，特别是最终坚持到世界技能大赛的选手，在世界技能大赛的赛场上还要经受前所未有的压力，如果没有强大的内心，面对各种考验的时候一旦陷入焦虑、恐慌、急躁甚至茫然的状态，必然无法发挥出日常良好的水平，从而直接影响比赛成绩。因此，心理素质训练也是选手日常训练的一个重要组成部分，有的集训基地会邀请心理专家全程参与对选手的心理测评和辅导工作。一般来说，在集训的各个阶段，心理素质训练的重点和方法都会有一定的差别。

6．国际交流活动

我国在很多竞赛项目上的参赛经验还比较少，因此，从国家到地区，各项目集训队都非常注重国际交流。人力资源和社会保障部曾多次邀请世界技能组织成员国和地区的专家到中国来为我国的参赛选手及其技术指导专家团队进行参赛知识的普及和问题解答，通过这些活动，丰富了我国参赛专家、技术翻译、教练和选手的世赛知识，增长了团队尤其是选手的实战经验，既锻炼了能力，又找到了差距和不足。

模块三

手工钨极氩弧焊

课题 1
手工钨极氩弧焊设备的安装与调试

学习目标

1. 了解钨极氩弧焊的原理、特点及应用。
2. 能认识钨极氩弧焊所用设备及附件。
3. 能进行钨极氩弧焊设备的安装与调试。

一、钨极氩弧焊概述

钨极氩弧焊是用钨极作为电极，在氩气的保护下，利用钨极和焊件之间的电弧热熔化母材和焊丝（或不填充焊丝）进行焊接的方法。焊接时氩气从焊枪的喷嘴中连续喷出，在电弧周围形成保护层隔绝空气，以防止空气对钨极、熔池及邻近热影响区的有害影响，从而获得优质的焊缝。焊接过程中根据焊件的具体要求，可以加或者不加填充焊丝。焊接原理及示意图如图 3-1-1 所示。

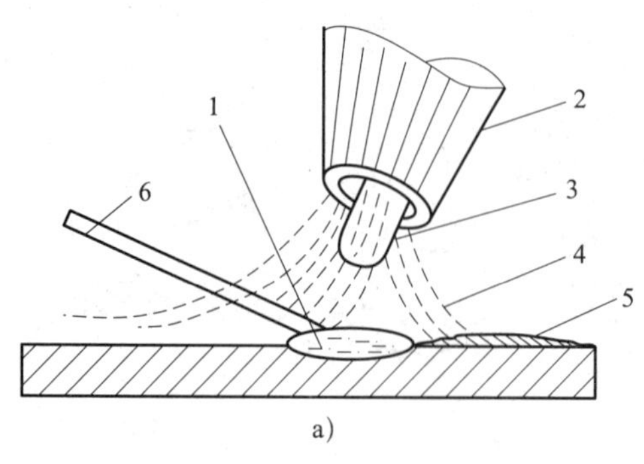

a)

b)

图 3-1-1　钨极氩弧焊（TIG 焊）

a）原理图　b）焊接示意图

1—熔池　2—喷嘴　3—钨极　4—气体　5—焊缝　6—焊丝

二、钨极氩弧焊的特点

1. 焊缝质量高。由于氩气是惰性气体，不与金属产生化学反应，同时氩气不溶解于液态金属，使高温下被焊金属中的合金元素不会被氧化烧损，因此能获得较高的焊接质量。

2. 电弧热量集中，焊接变形小，电弧稳定性好，在低电流下也能稳定燃烧，因此特别适用于薄板的焊接。

3. 可焊材料范围广泛，几乎所有的金属材料都可以进行氩弧焊。目前多用于不锈钢及有色金属的焊接，对于碳钢，则主要用在要求单面焊双面成形的打底焊。

4. 氩弧焊抗风能力较差，因为焊接时利用气体进行保护，在风大的情况下，保护气体被吹走，容易产生气孔等焊接缺欠。

5. 氩弧焊对焊件清理要求较高，由于采用惰性气体进行保护，无冶金脱氧或去氢作用，为了避免产生气孔、裂纹等焊接缺欠，焊前必须严格去除焊件上的油污、锈蚀等。

6. 生产效率较低，成本高，由于钨极的载流能力有限，致使 TIG 焊的熔透能力较低，焊接速度慢，焊接生产效率低。

三、手工钨极氩弧焊的设备

手工钨极氩弧焊的设备及附件如图 3-1-2 所示，主要由焊机、控制系统、供气系统、焊枪、循环水冷系统（某些大功率焊机配备）等组成。

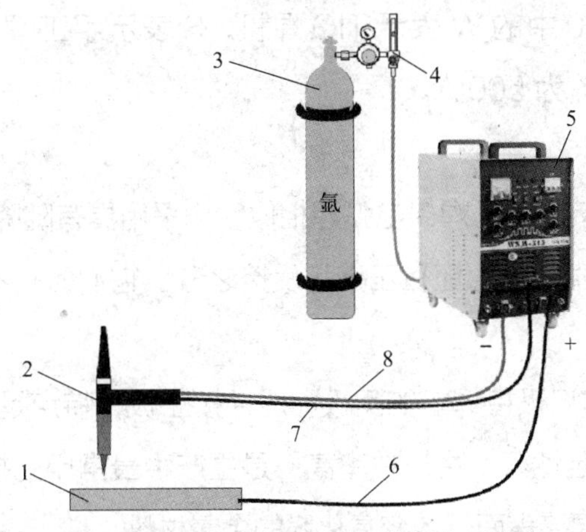

图 3-1-2　手工钨极氩弧焊的设备及附件

1—焊件　2—焊枪　3—气瓶　4—氩气减压流量计　5—焊机　6—正极电缆　7—焊枪控制线　8—负极电缆

1. 焊机

焊机由焊接电源、高频振荡器、脉冲稳弧器、消除直流分量装置等组成。如图 3-1-3 所示为常用的氩弧焊焊机，其型号含义见表 3-1-1，具体型号的编制参见国家标准《电焊机型号编制方法》(GB/T 10249—2010)。

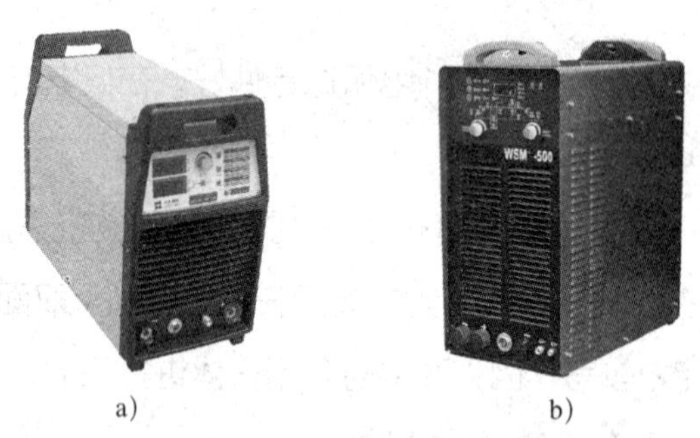

a)　　　　b)

图 3-1-3　氩弧焊焊机

a）WS-400 型焊机　b）WSM-500 型焊机

表 3-1-1　氩弧焊焊机型号及含义

第一位		第二位		第三位		第四位		数字
字母	含义	字母	含义	字母	含义	数字	含义	
W	TIG 焊机	Z	自动焊	省略	直流	省略	焊车式	额定焊接电流 /A
		S	手工焊	J	交流	1	全位置焊车式	
		D	点焊	E	交直流	2	横臂式	
		Q	其他	M	脉冲	3	机床式	

例如，WSE-500 中的 W 表示 TIG 焊机，S 表示手工焊，E 表示交直流焊，500 表示额定焊接电流为 500 A。

（1）焊接电源

氩弧焊使用的焊接电源与焊条电弧焊相似，均采用具有陡降外特性的焊接电源，有交流和直流两种；直流电源还有正接和反接之分。它们各有不同的特点和适用场合，应正确选择。

1）直流正接。即钨极接焊机的负极，焊件接正极，特点是钨极不易过热烧损，许用电流大，电弧稳定性好，生产效率高，是生产中最常用的接法，但没有“阴极破碎”作用。适用于焊接表面无致密氧化膜的金属材料。

2）直流反接。即钨极接焊机的正极，焊件接负极，特点是钨极容易因过热而烧损，许用电流小，电弧不稳定，同时熔深浅，焊接生产效率低，很少采用。但由于具有“阴极破碎”作用，主要适用于铝、镁及其合金的焊接。

3）交流钨极氩弧焊。兼顾了直流钨极氩弧焊正接和反接的优点，是焊接铝、镁及其合金的最佳方法。

各种材料的电源种类与极性的选用见表 3-1-2。

表 3-1-2　各种材料的电源种类与极性的选用

电源种类与极性	被焊金属材料
直流正接	低碳钢、低合金钢、不锈钢、耐热钢、铜及铜合金、钛及钛合金
直流反接	各种金属的熔化极氩弧焊，钨极氩弧焊很少采用
交流电源	铝、镁及其合金

（2）高频振荡器

高频振荡器是一个高压发生器，可在焊接回路中加入约 3 000 V 的高频电压，致使电弧空间产生很强的电场，加强了阴极电子自发射作用，克服氩弧不易引燃的困难。

（3）脉冲稳弧器

脉冲稳弧器通过施加一个高压脉冲而迅速引弧，并保持电弧连续燃烧，从而起到稳定电弧的作用。

2. 控制系统

通过控制线路对供电、供气、引弧和稳弧等各阶段的动作实现控制。手工钨极氩弧焊控制程序如图 3-1-4 所示。

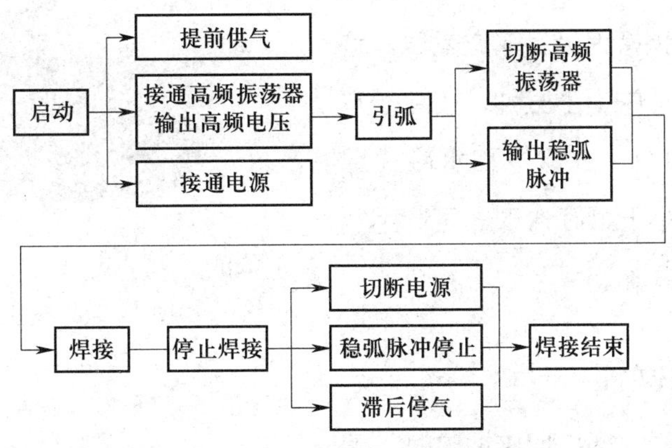

图 3-1-4　手工钨极氩弧焊控制程序

3. 供气系统

供气系统由氩气瓶、电磁气阀和氩气减压流量计组成，其部件如图 3-1-5 所示。

（1）氩气瓶

氩气瓶用于储存氩气，气瓶最大压力为 15 MPa，容积为 40 L，瓶外表涂银灰色，并标有深绿色“氩”的字样，如图 3-1-5a 所示。

（2）电磁气阀

电磁气阀是开闭气路的装置，由延时继电器控制，可起到提前供气和滞后停气的作用。

（3）氩气减压流量计

氩气减压流量计起降压、稳压及调节氩气流量的作用，其外形如图 3-1-5b 所示。

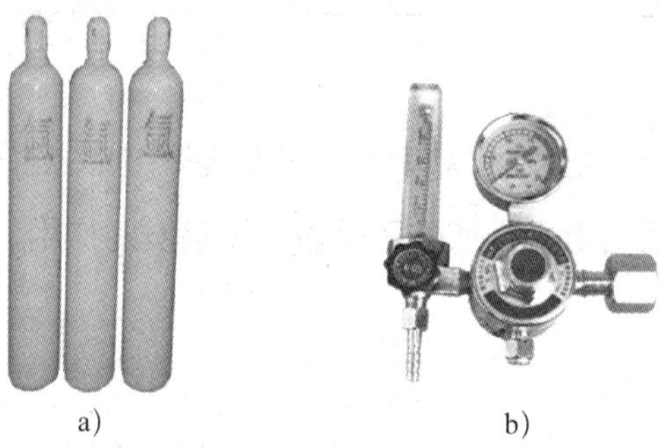

图 3-1-5　供气系统部件

a）氩气瓶　b）氩气减压流量计

4. 焊枪

焊枪主要由焊枪体、钨极夹头、进气管、电缆、喷嘴、开关等组成。焊枪的作用是传导电流，夹持钨极，输送氩气。氩弧焊焊枪分为大、中、小三种，按冷却方式不同又可分为气冷式焊枪和水冷式焊枪，当焊接电流小于 150 A 时，可选用气冷式焊枪，如图 3-1-6 所示。

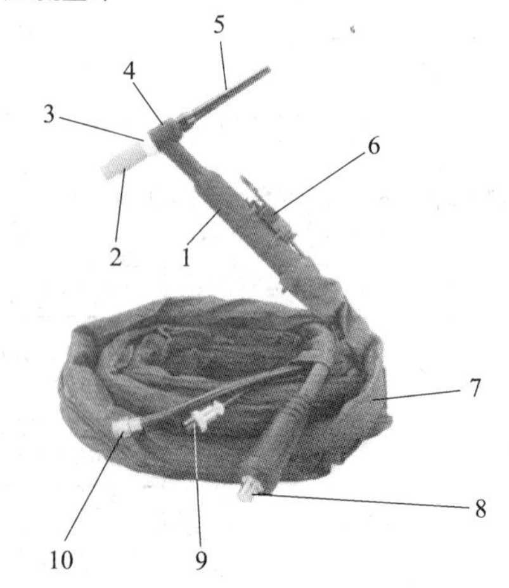

图 3-1-6　气冷式焊枪

1—焊枪手柄　2—瓷嘴　3—绝缘套　4—枪体　5—枪尾　6—焊枪开关　7—电缆　8—主电缆线插头　9—控制线插头　10—气管插头

四、技能操作

新购买的焊机或变换焊接地点时，需

要对焊机进行接电及各附件的安装，焊机的一次侧电源线（220 V 或 380 V）由持证电工进行安装，二次侧电源线及各附件则由焊工自行安装。表 3-1-3 所列为钨极氩弧焊的主要附件，现要求将其与焊机连接起来并进行调试，保证设备能正常使用。

表 3-1-3 钨极氩弧焊的主要附件

主要部件	图示及附件名称
供气系统	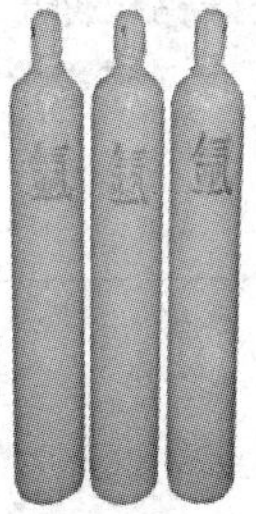 氩气瓶 　减压流量计 　气管
焊枪组件	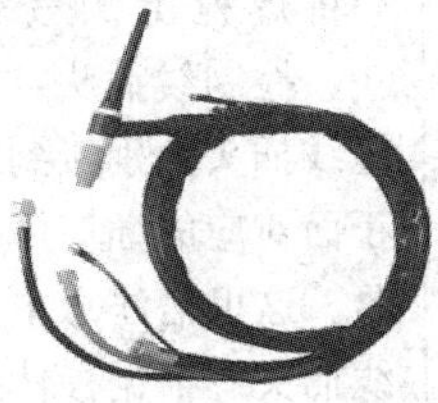 焊枪 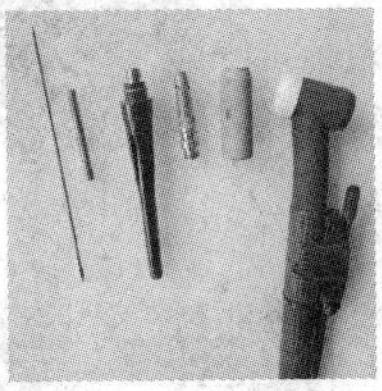　焊枪配件
接地线	

1. 安装前准备

（1）准备工具

安装焊机附件需要准备一字旋具、十字旋具、活扳手。

（2）检查设备及附件

按产品说明书检查设备和各附件是否齐全及完好。

2. 安装步骤

将焊枪组件、接地线、供气系统等与焊机连接起来，形成完整的钨极氩弧焊焊接系统，具体步骤如下：

（1）由持证电工安装焊机一次侧电源线及接地线。

（2）焊机各附件的安装步骤见表 3-1-4。

表 3-1-4　焊机各附件的安装步骤

安装步骤	图示（安装前）	安装说明	图示（安装后）
1. 焊枪配件的安装	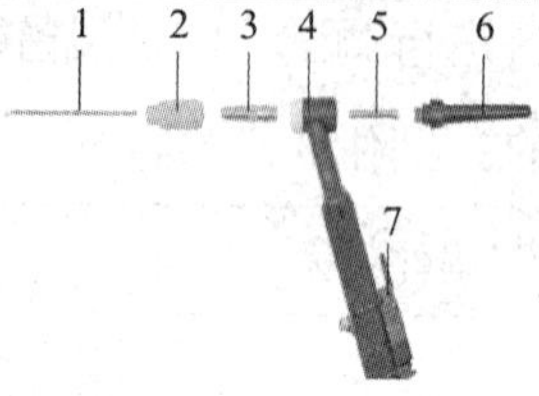 1—钨极　2—瓷嘴　3—导流件　4—枪体　5—钨极夹头　6—枪尾　7—焊枪开关	将钨极插入钨极夹头后整体放入枪体孔，并装上导流件、瓷嘴、枪尾等，调整好钨极伸出瓷嘴的长度后，拧紧枪尾	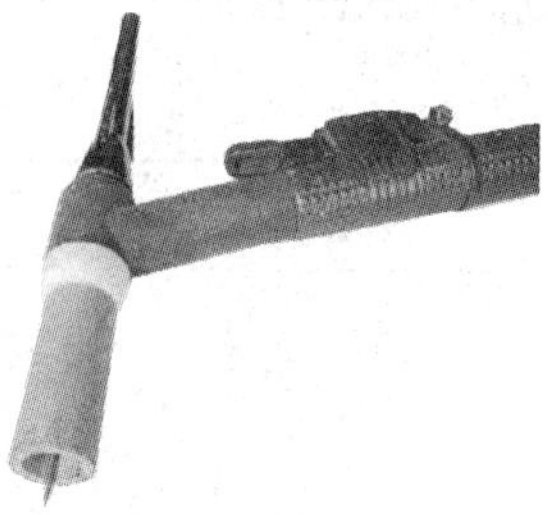
2. 将焊枪组件安装到焊机上	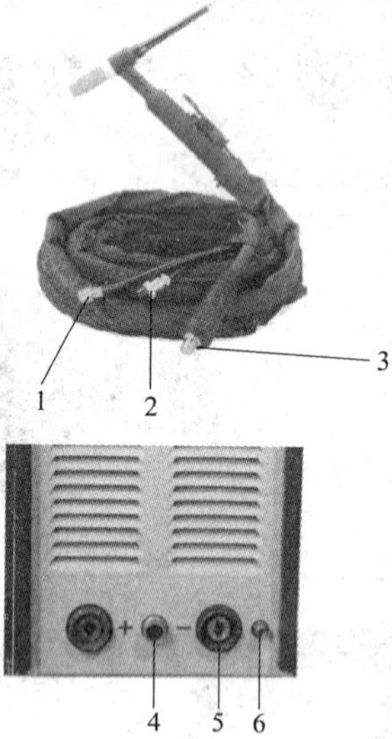 1—气管插头　2—控制线插头　3—主电缆线插头　4—控制线插座　5—负极接口　6—气管接口	将焊枪上的气管插头、控制线插头、主电缆线插头分别接到焊机正面对应的插口中并拧紧。这里需注意主电缆线插头应根据极性插入正极或负极中，本课题焊接碳钢，主电缆线插头插入负极接口中（正接法）	 WSM-400
3. 接地线与焊机的连接	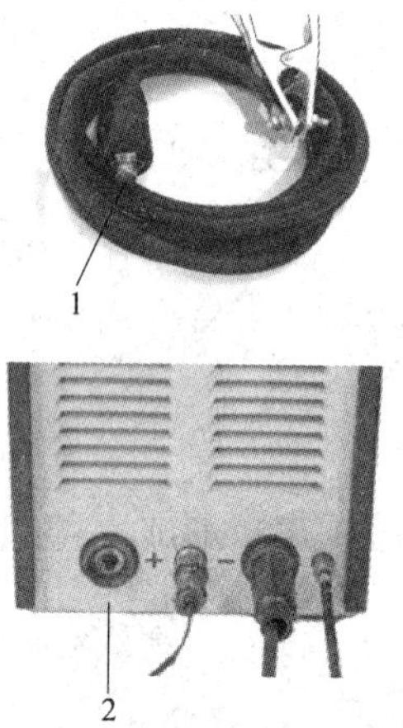 1—接地线插头　2—正极接口	将接地线插头插入焊机的正极接口中（正接法），拧紧即可	 WSM-400

续表

安装步骤	图示（安装前）	安装说明	图示（安装后）
4. 气管与减压流量计、气瓶、焊机的连接		将气管与减压流量计连接后，安装到气瓶上；气管的另一端插入焊机后面的气管接口中。所有连接处均应牢固，以保证不漏气	

3. 调试设备

焊机各附件安装完毕，应开机进行试焊，以检查设备是否运转正常，具体步骤如下：

（1）开启设备电源，调节焊接电流为 80 ~ 100 A，观察电流表、电压表显示是否正常，焊机风扇是否转动。

（2）开启氩气瓶，调节气体流量为 5 ~ 10 L/min，并检查有无漏气现象。

（3）将磨好的钨极安装到焊枪中，并伸出喷嘴 8 ~ 12 mm，如图 3-1-7a 所示。

（4）穿戴好焊接防护用品，将引弧板、接地线等连接好，将钨极对准待焊处，钨极离开焊件 1 ~ 3 mm，如图 3-1-7b 所示。按下焊枪开关，观察能否顺利引弧，若能顺利引弧且熔池形状等正常，说明设备正常。

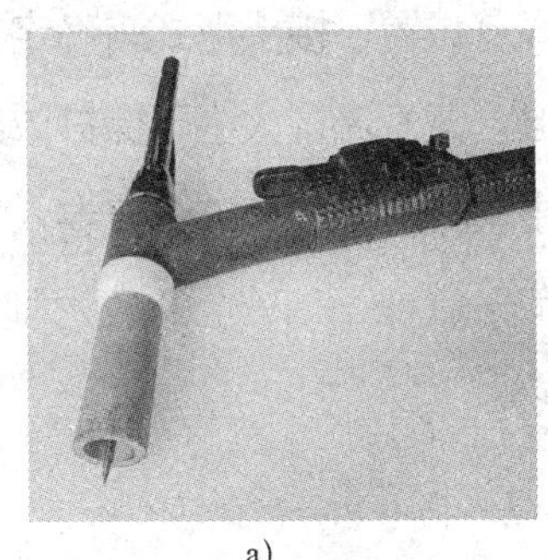

a）

b）

图 3-1-7　引弧准备

a）钨极伸出喷嘴　b）引弧

课题 2
认识钨极氩弧焊焊接材料

学习目标

1. 了解氩气的性质及作用。
2. 能认识钨极并熟知各种钨极的特点和应用。
3. 熟悉钨极氩弧焊常用焊丝及选用原则。

一、钨极氩弧焊使用的气体

1. 氩气的性质和作用

氩气属于惰性气体，不易与其他金属材料、气体发生反应，而且由于其气流有冷却作用，焊缝热影响区小，焊件变形小，因此氩气是钨极气体保护焊最理想的保护气体之一。氩气主要对熔池进行有效的保护，在焊接过程中防止空气对熔池侵蚀而引起氧化，同时有效隔离焊缝区域的空气，使焊缝区域得到保护，提高焊接性能。

2. 氩气流量的选择

焊接时，氩气流量根据板厚、电流大小、焊缝位置、接头形式来确定，具体以焊缝保护效果来决定，以被焊金属不被氧化为标准。氩气流量太小，保护效果差，被焊金属有严重氧化现象；氩气流量太大，容易产生紊流，使空气被紊流卷入熔池，熔池保护效果差，焊缝金属被氧化。通常氩气流量等于（0.8 ~ 1.2）D（D 为喷嘴直径）。

二、钨极

1. 钨极的特点及作用

钨是一种难熔的金属材料，熔点高，为 3 653 ~ 3 873 K，沸点为 6 173 K，导电性好。钨极的作用是传导电流、引燃电弧和维持电弧正常燃烧，因此，要求钨极有良好的导电性和耐高温性，同时要求焊接时对人体的危害要小。

2. 钨极的种类

钨极种类繁多，根据国家标准《焊接与切割用钨极》（GB/T 32532—2016）的规定，焊接常用的钨极有钍钨电极、铈钨电极、纯钨电极、锆钨电极、镧钨电极、复合钨电极等，各种钨极头的颜色不一样，如图 3-2-1 所示。

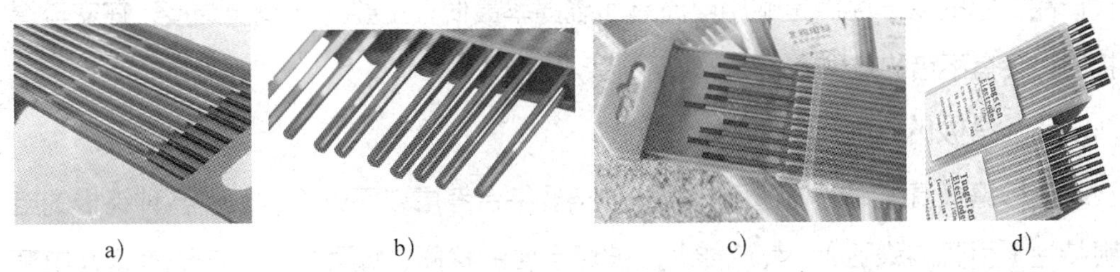

a）　　b）　　c）　　d）

图 3-2-1　常用钨极

a）红头钍钨电极　b）灰头铈钨电极　c）绿头纯钨电极　d）棕色锆钨电极

（1）红头钍钨电极（WTh20）

钍钨电极具有较高的电子发射能力和较好的引弧性能，电弧比纯钨电极或锆钨电极更稳定，使用寿命较长，能较好地防止焊接时渗钨。通常用于直流焊接碳钢、不锈钢、镍合金、钛合金等材料；进行交流焊接时，需要谨慎使用，且速度要快，钍钨电极具有轻微的放射性污染。

（2）灰头铈钨电极（WCe20）

铈钨电极是一种无放射性的电极，其阴极斑点小，压降低，烧损少，在低电流条件下更易引弧、改善电弧稳定性及降低汽化或烧损速度，因此，在低电流直流条件下或电极直径在 2.0 mm 以下时，铈钨电极是钍钨电极的首选替代品，使用寿命更长。铈钨电极主要应用于碳钢、不锈钢、硅铜、青铜、钛等材料的焊接。铈钨电极不适合在高电流条件下应用，易对氧化物的均匀度造成破坏。

（3）绿头纯钨电极（WP）

纯钨电极电子逸出功非常高，电流承载能力比较低，电极端部温度较高，容易造成晶粒长大，因此引弧更困难，稳定性也较差，使用寿命短，目前使用较少，一般用于铝、镁的焊接，还可用于某些允许渗钨的不重要构件的焊接。

（4）棕色锆钨电极（WZr3）

锆钨电极在交流电环境下焊接性能良好。尤其在高负载电流的情况下，锆钨电

极表现出来的优越性能是其他电极不可替代的。在焊接时，锆钨电极的端部能保持为圆球状而减少渗钨现象，并具有良好的耐腐蚀性，主要用于铝及铝合金的焊接。由于其他可替代产品的出现，锆钨电极的需求量将会有减少的趋势。

（5）金色镧钨电极（WLa15）

镧钨电极无放射性，电子逸出功最低，引弧最容易，电极端部温度最低，有助于阻止晶粒长大，延长使用寿命，因无放射性而成为较有发展前景的钍钨电极的替代产品。它的另一优点是耐用电流高而烧损率最低，主要用于直流焊接，在交流焊接时也会有不错的效果。

3. 钨极的选用

进行钨极氩弧焊时，选用钨极的种类要综合考虑以下几个因素：各种钨极的电弧特性（引弧与稳弧）、载流能力、被焊金属的材质、焊件厚度、电流类型及电源极性，此外，还要考虑电极的来源、使用寿命及价格等。不同金属钨极氩弧焊时推荐用的钨极和保护气体见表 3-2-1。

表 3-2-1　不同金属钨极氩弧焊时推荐用的钨极和保护气体

金属种类	焊件厚度	电流类型	电极	保护气体
铝	所有厚度	交流	纯钨极或锆钨极	Ar 或 Ar+He
	厚件	直流正接	钍钨极或铈钨极	Ar+He 或 Ar
	薄件	直流反接	铈钨极、钍钨极或锆钨极	Ar
铜及铜合金	所有厚度	直流正接	铈钨极或钍钨极	Ar+He 或 Ar
	薄件	交流	纯钨极或锆钨极	Ar
镁合金	所有厚度	交流	纯钨极或锆钨极	Ar
	薄件	直流反接	锆钨极、铈钨极或钍钨极	Ar
镍及镍合金	所有厚度	直流正接	铈钨极或钍钨极	Ar
低碳钢、低合金钢	所有厚度	直流正接	铈钨极或钍钨极	Ar+He 或 Ar
	薄件	交流	纯钨极或锆钨极	Ar
不锈钢	所有厚度	直流正接	铈钨极或钍钨极	Ar+He 或 Ar
	薄件	交流	纯钨极或锆钨极	Ar
钛	所有厚度	直流正接	铈钨极或钍钨极	Ar

一般焊接厚板时要求能获得较大的熔深，为此应采用直流正接和大电流进行焊接，宜选用载流能力强的钍钨极或铈钨极；焊接薄板时要求熔深较浅，所以焊接时电流宜小，应采用直流反接的方法，但容易使电极发热，因此，电极宜选用引弧容易、稳定性好、载流能力强的钍钨极或铈钨极。铝、镁及其合金的焊接要求采用交流电，这种情况下电极烧损的程度比直流反接时小，可以选用较便宜的纯钨极。

4. 钨极的形状及应用

为适应不同场合的焊接要求，钨极端部要磨成不同的形状，常见的有尖锥形、锥台形、圆弧形等，如图 3-2-2 所示。

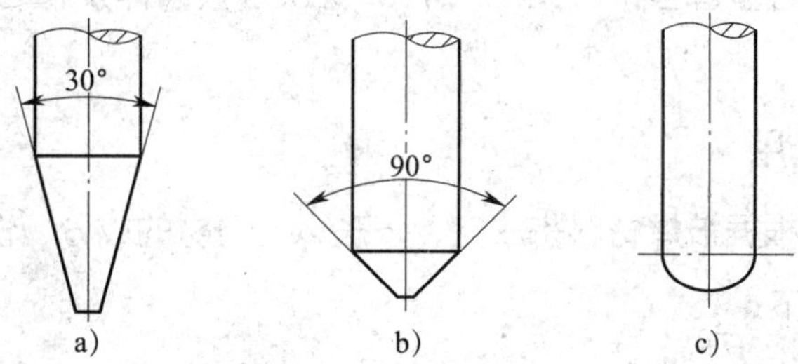

图 3-2-2 钨极端部形状

a）尖锥形 b）锥台形 c）圆弧形

尖锥形钨极适用于小直径钨极、小电流焊接的场合。锥台形钨极适用于大直径钨极、大电流焊接的场合。球形钨极适用于交流焊接。

三、钨极氩弧焊使用的焊丝

1. 焊丝的分类

氩弧焊焊丝按制造方法不同可分为实心焊丝和药芯焊丝（较少使用）两大类；按被焊材料的性质不同又可分为钢焊丝和有色金属焊丝两大类。

（1）钢焊丝

选用钢焊丝可依据的标准有国家标准《熔化焊用钢丝》（GB/T 14957—1994）、《气体保护电弧焊用碳钢、低合金钢焊丝》（GB/T 8110—2008）；黑色冶金行业标准《焊接用不锈钢丝》（YB/T 5092—2016）等，其中《气体保护电弧焊用碳钢、低合金钢焊丝》（GB/T 8110—2008）被推荐用于钨极气体保护电弧焊。如图 3-2-3 所示为常用的牌号为 TIG-J50 的碳钢焊丝（对应型号为 ER50-6），这种焊丝具有优良的塑性、韧性和抗裂性能，尤其低温冲击韧度较高。

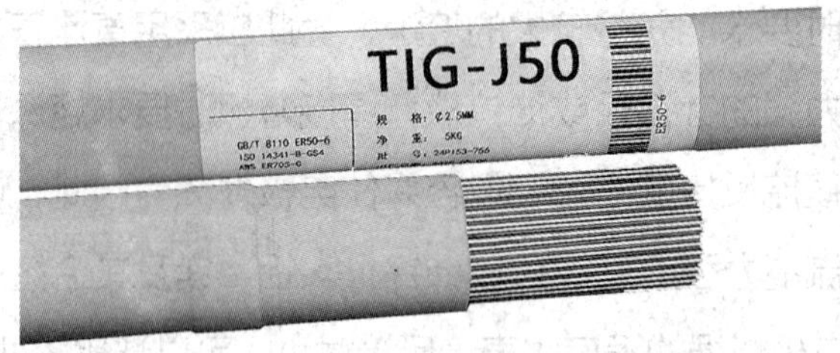

图 3-2-3　TIG-J50 碳钢焊丝

（2）有色金属焊丝

选用有色金属焊丝可依据的国家标准有《铝及铝合金焊丝》（GB/T 10858—2008）、《铜及铜合金焊丝》（GB/T 9460—2008）、《镍及镍合金焊丝》（GB/T 15620—2008）等。

2. 焊丝的选用

选择焊丝时要根据被焊材料来决定，一般以与母材的成分、性质相同为准，其选用的基本原则如下：

（1）应满足接头的化学成分、力学性能和其他特殊性能要求。

（2）焊接工艺性能要好，具有抗裂、防止气孔的能力。

（3）焊丝含有害杂质硫、磷等要少。

（4）焊丝应清洁、光滑、干燥，无油渍、污物和锈蚀。

前述的 CO_2 焊焊丝选用原则基本适用于氩弧焊。

四、课后练习

1. 氩气的性质和作用有哪些？
2. 焊接时氩气流太大或太小对焊缝有什么影响？
3. 钨极的选用原则是什么？
4. 钨极端部形状有哪些？分别适用于什么场合？
5. 选用钢焊丝可依据的标准有哪些？
6. 氩弧焊焊丝的选用原则有哪些？

课题 3
手工氩弧焊基本操作技术

学习目标

1. 熟悉焊机面板按键功能与用途。
2. 掌握氩弧焊工艺参数的选择方法。
3. 能操作氩弧焊设备进行平敷焊，焊缝达到质量要求。
4. 能进行焊缝质量检测。

一、氩弧焊焊机面板按键功能简介

氩弧焊焊机面板上有各种用于调节焊接参数的按键，例如，工作状态区中可调节焊接方法，参数调节区中可调节初始电流、维弧电流、氩弧方式、上坡时间、下坡时间、提前送气时间、滞后关气时间等。如图 3-3-1 所示为直流氩弧焊、交直流氩弧焊焊机面板上各按键，各厂家不同，面板上按键标注也有所不同，但功能大致相同，下面以 WS-400 型、WSE-315 型焊机面板按键为例进行说明。

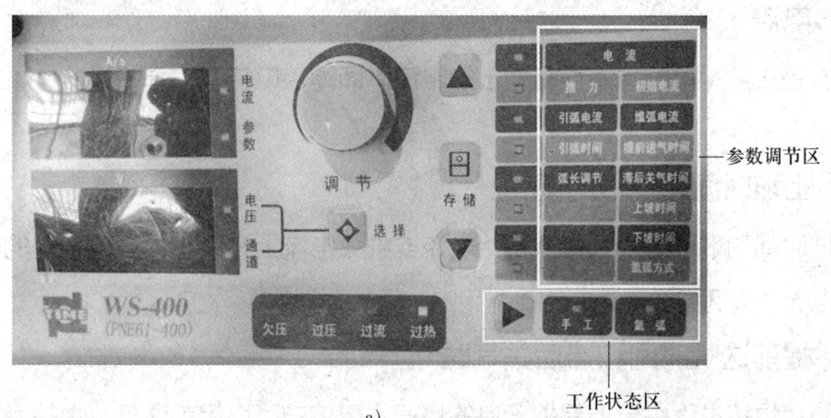

a)

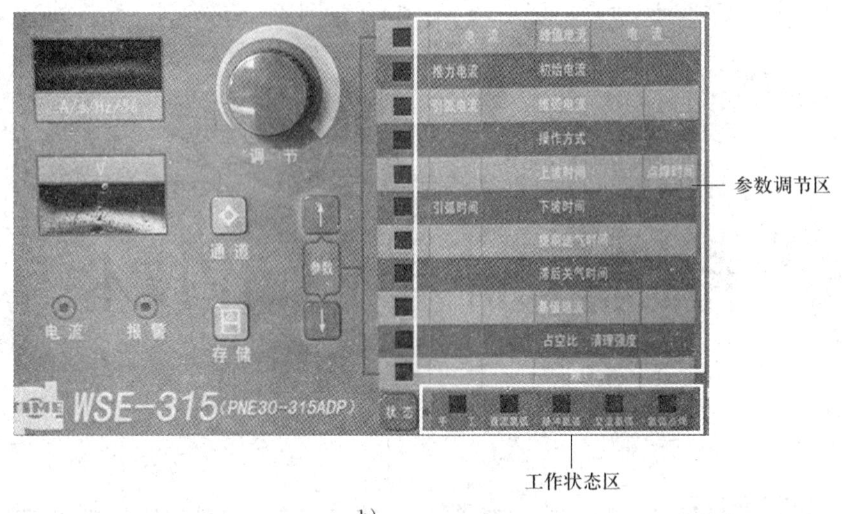

b)

图 3-3-1 手工钨极氩弧焊焊机面板按键

a）WS-400 型焊机 b）WSE-315 型焊机

1. 工作状态

某些焊机具有焊条电弧焊、直流氩弧焊、交流氩弧焊、脉冲氩弧焊等功能，通过按键的切换，可以选择对应的焊接功能。

2. 初始电流

初始电流相当于焊机的引弧电流，初始电流大，容易引弧，但如果焊件太薄，容易将其烧穿。

3. 维弧电流

维弧电流是指焊接过程维持电弧连续不断弧的电流，应根据焊接工艺设置合适的维弧电流。

4. 电流

电流是正常焊接时焊接设备输出的电流，即焊接电流，在焊接过程中可以实时调节。

5. 上坡时间和下坡时间

上坡时间和下坡时间是指从初始电流或维弧电流上升到焊接电流所用的时间或从焊接电流下降到维弧电流或熄弧所用的时间。

6. 提前送气时间和滞后关气时间

为防止焊接过程中出现保护不良的情况，焊接前可以提前送气，焊接后也可以滞后关气。该功能是设置提前送气、滞后关气的时间。

7. 氩弧方式

功能与 CO_2 焊焊机的“二步”和“四步”类似，但氩弧焊的操作方式种类更多。

8. 基值电流、峰值电流、占空比

启用焊机的脉冲功能后这些参数才起作用，具体含义和设置可查阅相应焊机的使用说明书。

直流氩弧焊焊接过程如图 3-3-2 所示。

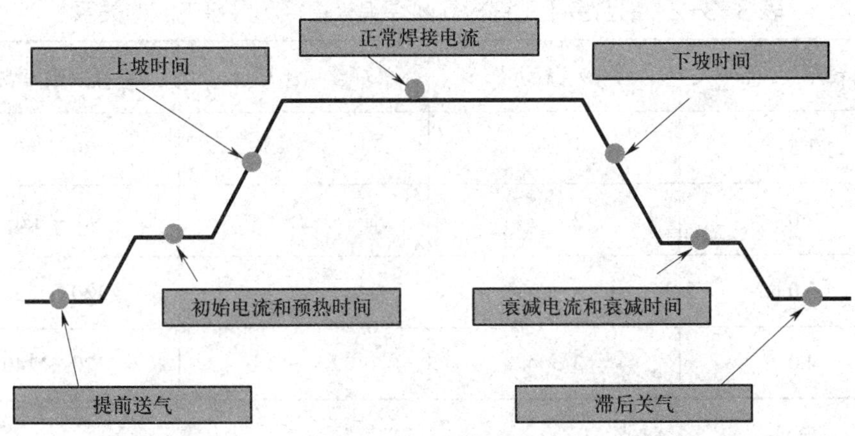

图 3-3-2　直流氩弧焊焊接过程

二、氩弧焊焊接参数及选择

手工钨极氩弧焊的主要焊接参数有钨极直径、焊接电流、电弧电压、焊接速度、电源种类和极性、钨极伸出长度、喷嘴直径、喷嘴与焊件距离、氩气流量。

1. 钨极直径与焊接电流

钨极直径决定了焊枪的结构尺寸、质量和冷却方式，会直接影响焊接质量和劳动条件。施焊前应根据焊接电流的大小选择合适的钨极直径。钨极直径太大，焊接电流太小时，钨极端部温度不够，电弧漂移且不稳定，破坏保护区，熔池被氧化，成形差，易产生气孔；钨极直径太小，焊接电流太大时，钨极端部温度高，易烧损，小尖端逐渐变成大熔滴，电弧随熔滴尖端漂移，不稳定，熔化的钨滴落入熔池形成夹钨。不锈钢和耐热钢、铝合金手工钨极氩弧焊钨极直径和焊接电流的关系分别见表 3-3-1、表 3-3-2。

表 3-3-1　不锈钢和耐热钢手工钨极氩弧焊钨极直径和焊接电流的关系

材料厚度 /mm	钨极直径 /mm	焊丝直径 /mm	焊接电流 /A
1.0	2	1.6	40 ~ 70
1.5	2	1.6	40 ~ 85
2.0	2	2.0	80 ~ 130
3.0	2 ~ 3	2.0	120 ~ 160

表 3-3-2　铝合金手工钨极氩弧焊钨极直径和焊接电流的关系

材料厚度 /mm	钨极直径 /mm	焊丝直径 /mm	焊接电流 /A
1.5	2	2	70 ~ 80
2.0	2 ~ 3	2	90 ~ 120
3.0	3 ~ 4	2	120 ~ 130
4.0	3 ~ 4	2.5 ~ 3	120 ~ 140

2. 电弧电压

电弧电压主要由电弧长度决定，电弧越长，电压越高，弧长增加，焊缝宽度增大，熔深稍减小。电弧太长时，容易引起未焊透及咬边缺欠，而且熔池保护效果不好；反之，则不易看清熔池，送丝时易碰到钨极而引起短路，使钨极受污染，加大钨极的烧损，脱落后形成夹钨，通常弧长约等于 1.5 倍钨极直径。

3. 焊接速度

焊接速度太快时，焊缝熔深较浅，熔宽减小，操作不当易产生未焊透、未熔合等缺欠。焊接速度太慢时，焊缝熔深增大，熔宽增加，操作不当容易出现烧穿现象。通常应根据熔池大小、熔池形状和两侧熔合情况随时调整焊接速度。

4. 电源种类和极性

氩弧焊采用的电源种类和极性与所焊金属及其合金种类有关，有些金属只能用直流正极性或反极性，有些交、直流都可以使用，应根据不同的材料选择电源种类与极性，具体见表 3-3-3。

表 3-3-3　不同材料电源种类与极性选择

被焊金属材料	电源种类与极性
低合金高强度结构钢、不锈钢、耐热钢、铜等	直流正极性
各种金属的熔化极氩弧焊	直流反极性
铝、镁及其合金	交流电源

5. 钨极伸出长度

钨极伸出长度越小，喷嘴与焊件距离越近，保护效果越好。一般情况下，对接焊缝钨极伸出长度为 4 ~ 6 mm；角焊缝钨极伸出长度为 7 ~ 8 mm；对于 Φ2 mm 的钨极，伸出长度以 2 ~ 3 mm 为宜。

6. 喷嘴直径与氩气流量

喷嘴直径（内径）越大，保护气体的流量也越大，可按下式选择喷嘴直径：

$$D=(2.5\sim3.5)d_w$$

式中　d_w——钨极直径，mm。

氩气流量太小，保护气体软弱无力，保护效果不好；氩气流量太大，容易产生紊流，保护效果不好，因此氩气流量大小可以根据下式算出：

$$Q=(0.8\sim1.2)D$$

式中　Q——氩气流量，l /min；

　　D——喷嘴直径，mm。

三、手工钨极氩弧焊基本操作技术

1. 引弧

氩弧焊引弧的方法有非接触引弧和短路接触引弧。

（1）非接触引弧

通常手工钨极氩弧焊焊机本身具有引弧装置（高压脉冲发生器或高频振荡器），把焊枪的钨极端部对准焊缝起焊点，钨极与焊件之间距离为 1 ~ 3 mm 时按下焊枪开关，提前送气，高频放电引弧，钨极与焊件并不接触，保持一定距离，就能在施焊点直接引燃电弧，如图 3-3-3a 所示。

（2）短路接触引弧

如果没有引弧装置时，可采用接触引弧法，即钨极端部直接接触焊件（约

1 s），使钨极端部受热到一定温度后，立即抬起 1 ~ 3 mm 引弧（类似于焊条电弧焊的划擦法引弧）。这种接触引弧会产生很大的短路电流，很容易烧损钨极端部，如图 3-3-3b 所示。

a）

b）

图 3-3-3　氩弧焊引弧

a）非接触引弧　b）短路接触引弧

2. 焊接

电弧引燃后，焊枪在起焊处稍做停留，以获得一个明亮、圆润的熔池，然后就可以填丝焊接了。焊接时采用左向焊法，焊枪与焊件保持 70° ~ 80°倾角，焊丝倾角为 15° ~ 20°，如图 3-3-4a 所示。在焊接时注意以下几点：

（1）电弧长度的控制

焊接过程应始终保持电弧长度一致，不能忽长忽短，更不能让钨极碰到熔池或焊丝。通常电弧长度约等于 1.5 倍钨极直径（3 ~ 5 mm），如图 3-3-4b 所示。

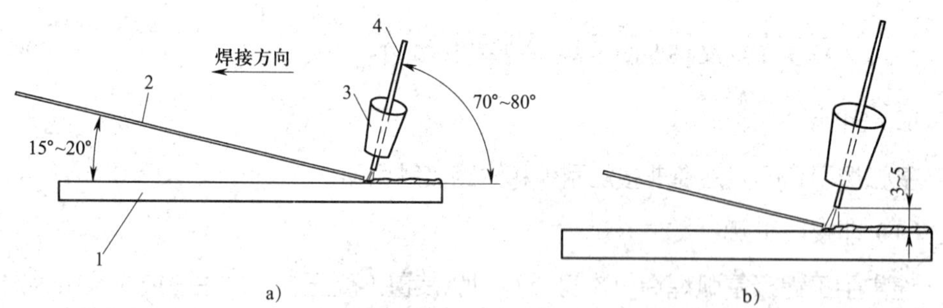

图 3-3-4　焊枪角度及电弧长度

a）焊枪和焊丝的倾角　b）电弧长度

1—焊件　2—焊丝　3—喷嘴　4—钨极

（2）焊丝送进方法

一种方法是以左手的拇指、食指捏住焊丝，并用中指和虎口配合托住焊丝便于操作的部位。需要送丝时，将弯曲的捏住焊丝的拇指和食指伸直，如图 3-3-5b 所示，即可将焊丝稳稳地送入焊接区域，然后借助中指和虎口托住焊丝，迅速弯曲拇指、食指，向上倒换捏住焊丝，如图 3-3-5a 所示，如此反复填充焊丝。

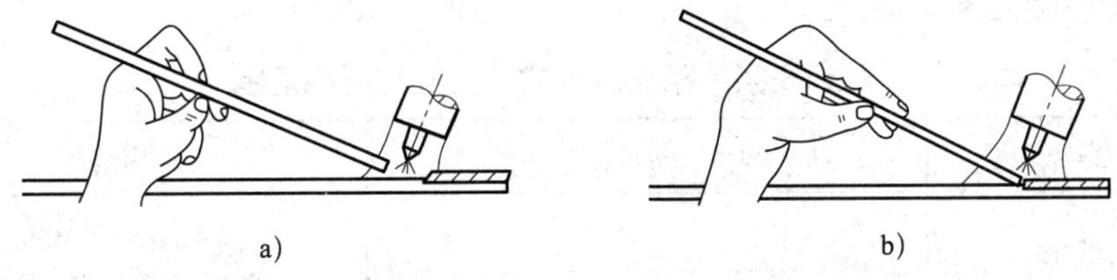

图 3-3-5　焊丝送进方法（一）

另一种方法是按图 3-3-6 所示夹持焊丝，用左手拇指、食指、中指的配合动作送丝，无名指和小指夹住焊丝以控制方向，靠手臂和手腕的上下往复断续运动将焊丝端部的熔滴送入熔池，全位置焊接时多用此法。

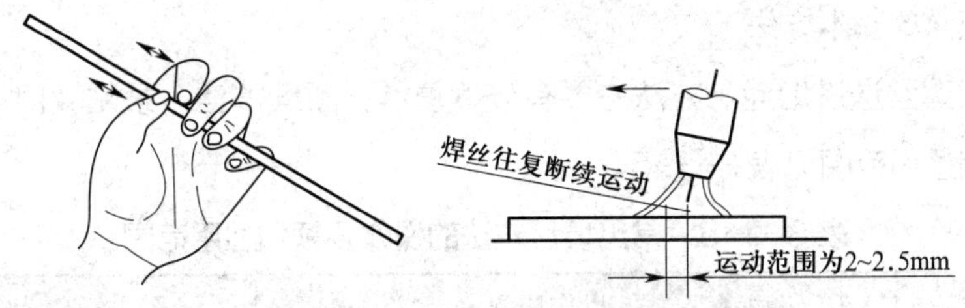

图 3-3-6　焊丝送进方法（二）

（3）**焊丝送进位置**

焊接时，焊丝端部的送进位置为熔池的前边沿，如图 3-3-7a 所示，通过熔池温度熔化焊丝，为了保证能将焊丝送到熔池的前边沿，送丝时，焊丝倾角应尽可能小些（15° ~ 20°）；切勿将焊丝直接送到钨极下方，如图 3-3-7b 所示，以免只熔化了焊丝而焊件未熔化，同时容易造成夹钨现象。

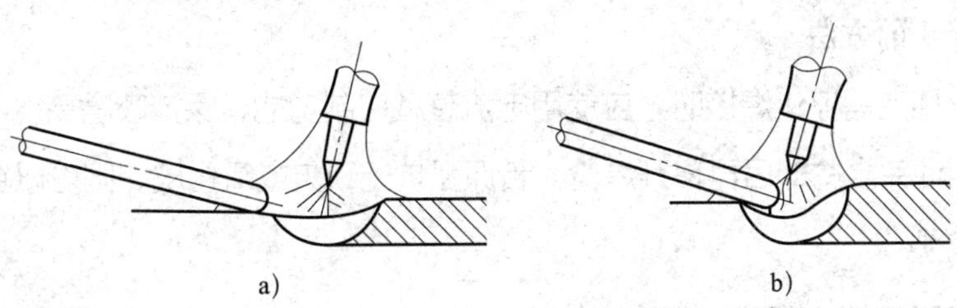

图 3-3-7　焊丝端部送进位置

a）正确　b）错误

（4）**焊枪的摆动**

正常情况下，焊枪做直线匀速移动即可，但某些场合需要较大熔宽的焊缝时，焊枪可适当摆动，以加大熔池宽度，达到焊缝所需要的熔宽要求。常见焊枪摆动方式与适用范围见表 3-3-4。

表 3-3-4　常见焊枪摆动方式与适用范围

焊枪摆动方式	图示	适用范围
直线形		I 型坡口对接焊 多层多道焊的打底焊
锯齿形		对接接头全位置焊 角接接头的立焊、横焊和仰焊
月牙形		
圆圈形		厚件对接平焊

（5）**填丝的基本方法**

填丝（焊丝送进熔池）方法主要有连续填丝、断续填丝、紧贴坡口填丝等，其操作要领和适用范围见表 3-3-5。

表 3-3-5　常见填丝方法的操作要领和适用范围

填丝方法	操作要领	适用范围
连续填丝	焊丝端部靠近熔池前沿，均匀地连续送丝，送丝速度应与熔化速度相适应	要求焊工操作技术水平高，适用于细焊丝
断续填丝	焊丝进入电弧区后，进行端部预热，靠手臂和手腕上下往复断续运动，将焊丝端部熔滴送入熔池内	操作简单、容易，适用于全位置焊接
紧贴坡口填丝	焊丝紧贴坡口间隙处，保证电弧熔化焊件坡口钝边的同时也熔化焊丝	适用于小直径管子和难度较大位置的焊接

（6）**接头的方法**

当焊丝用完需停止焊接时，应使用电流衰减控制功能，保持喷嘴高度不变，待电弧熄灭、熔池完全冷却后再移开焊枪。若原弧坑无缺欠或氧化皮，则可以直接接头。

3. 收弧

一般氩弧焊焊机都配有电流自动衰减装置，收弧时，通过焊枪手柄上的焊枪开关断续送电来填满弧坑。若无电流衰减装置，可采用手工操作收弧，其要领是逐渐减少焊件热量，如改变焊枪角度、稍拉长电弧、断续送电等。收弧时，填满弧坑后，慢慢提起电弧直至熄弧，不要突然拉断电弧。熄弧后，氩气会自动延时几秒钟再停气，此时不要移开焊枪，以防止焊缝金属在高温下产生氧化现象。

四、技能操作

下面以平敷焊的操作为例，说明手工钨极氩弧焊的基本操作方法，焊件图样如图 3-3-8 所示。

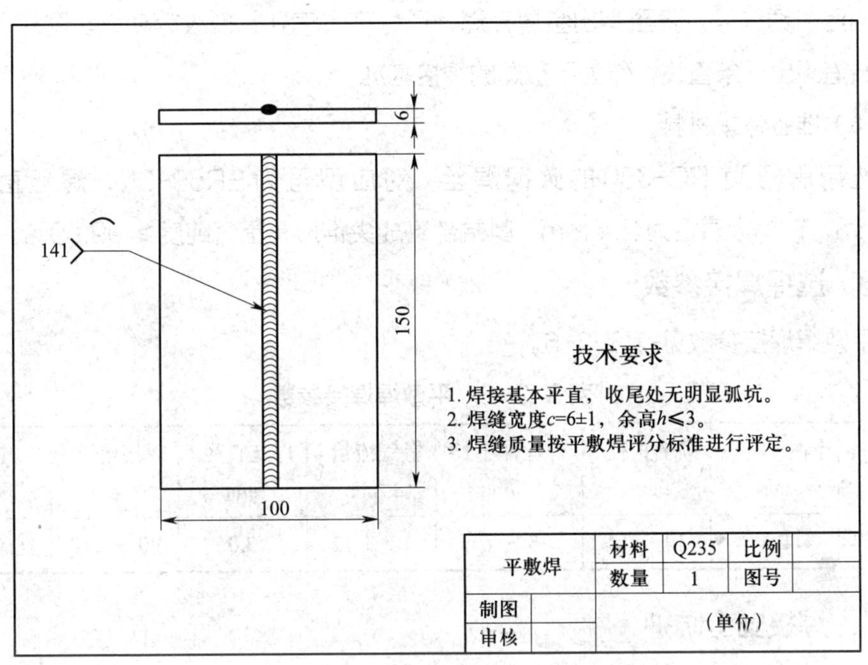

图 3-3-8　平敷焊焊件图样

1. 图样分析

焊件厚度为 6 mm，焊接方法采用钨极惰性气体保护电弧焊（代号为 141），本模块中采用手工钨极氩弧焊进行平敷焊。焊后要求焊缝平直，焊缝宽度为（6 ± 1）mm，焊缝表面凸起。

2. 焊前准备

（1）准备焊接设备

由于焊件材料为 Q235 钢，焊接设备可选择直流焊接电源，本课题选用 WS-400 型手工 / 氩弧双用焊机，电源极性选择直流正接。

（2）准备辅助工具

准备錾子、钢丝刷、尖嘴钳、焊接防护面罩等。

（3）准备画线工具及量具

准备钢直尺、石笔、焊接检验尺、游标卡尺等。

（4）准备焊件

焊件材料为 Q235 钢，尺寸为 100 mm×150 mm×6 mm，1 件。钨极氩弧焊对锈蚀、油污非常敏感，氩气没有脱氧和去氢的能力，当坡口周围存在污物时，极易产生气孔等缺欠。为保证焊接质量，在待焊处 25 mm 范围内用角向磨光机打磨干净油污、锈蚀等，直至露出金属光泽，避免产生气孔、裂纹等缺欠。同时在待焊处用石笔画出一条直线，作为平敷焊的焊接基准。

（5）准备焊接材料

选用牌号为 TIG-J50 的碳钢焊丝（对应型号为 ER50-6），焊丝直径为 2.0 mm，铈钨极直径为 2.4 mm，其端部磨成尖锥形，氩气纯度≥ 99.99%。

3. 选择焊接参数

平敷焊焊接参数见表 3-3-6。

表 3-3-6　平敷焊焊接参数

层次	钨极直径 / mm	喷嘴直径 / mm	焊丝伸出长度 /mm	氩气流量 /（L/min）	焊丝直径 / mm	焊接电流 / A	电源极性
单层焊	2.4	10 ~ 14	5 ~ 6	10 ~ 12	2.0	90 ~ 110	直流正接

4. 焊接安全防护

操作者穿戴好焊接防护用品，包括工作服、焊工防护手套、安全防护鞋、安全帽、防尘口罩等，氩弧焊时弧光中的紫外线特别强，应做好个人防护。

5. 焊接操作方法与步骤

（1）焊件的放置

将焊件置于平焊位置，自行调节高度，以方便操作为准。

（2）焊接参数的调节

根据表 3-3-6 所列的焊接参数接对电源极性，调节好焊接电流。

（3）引弧操作

采用非接触引弧法引弧，将焊枪的钨极端部对准焊缝起焊点，按下焊枪开关，高频放电引燃电弧。

（4）焊接操作

电弧引燃后，焊枪在起焊处稍做停留，待熔池出现后，开始填丝焊接，采用左向焊法，在焊接时注意以下几点：

1）保持正确的焊枪角度和较小的焊丝倾角，焊枪角度太大，热量集中，加热速度快；焊枪角度太小，热量较分散，气体保护效果也变差，因此焊枪角度以70° ~ 80°为好，焊丝倾角为15° ~ 20°，如图3-3-4a所示。

2）焊接过程应始终保持电弧长度一致（3 ~ 5 mm），不能忽长忽短，更不能让钨极碰到熔池或焊丝。

3）焊丝送进时可根据焊缝熔宽和余高的大小采用连续填丝或断续填丝，当发现熔宽、余高增大时，可从连续填丝变为断续填丝；反之则由断续填丝变为连续填丝，但最好能统一采用一种填丝方式。

4）焊丝送进位置是熔池的前边沿，以保证焊丝、母材熔合良好。

（5）收弧

焊接收尾处应注意填满弧坑，利用焊机的电流衰减功能降低熔池温度，填少量焊丝以填满弧坑。熄弧后，不要急于移开焊枪，应保持在原处，让滞后关闭的氩气继续保护焊缝几秒钟，以防止焊缝金属在高温下产生氧化现象。

（6）焊接结束

焊接结束，关闭焊机电源、气瓶阀门，将焊接电缆、气管等归位，清扫工位，擦拭焊机。

6. 焊缝质量检测

检测焊缝质量前应将焊缝表面及周边的飞溅物清理干净，按表3-3-7所列的平敷焊评分标准对焊缝外观质量进行检测。

表3-3-7　平敷焊评分标准

焊件外观	检查项目	焊缝等级标准及配分				得分
		Ⅰ	Ⅱ	Ⅲ	Ⅳ	
正面	焊缝余高	1 ~ 2 mm	>2 mm，≤ 3 mm	>3 mm，≤ 4 mm	>4 mm，<0	
		15分	12分	10分	0分	
	余高差	≤ 1 mm	>1 mm，≤ 2 mm	>2 mm，≤ 3 mm	>3 mm	
		15分	12分	10分	0分	
	焊缝宽度	5 ~ 6 mm	≥ 4 mm，≤ 7 mm	≥ 3 mm，≤ 8 mm	<3 mm，>8 mm	
		15分	12分	10分	0分	

续表

<table>
<tr><th rowspan="2">焊件外观</th><th rowspan="2">检查项目</th><th colspan="4">焊缝等级标准及配分</th><th rowspan="2">得分</th></tr>
<tr><th>Ⅰ</th><th>Ⅱ</th><th>Ⅲ</th><th>Ⅳ</th></tr>
<tr><td rowspan="8">正面</td><td rowspan="2">宽度差</td><td>≤ 1.5 mm</td><td>>1.5 mm，≤ 2 mm</td><td>>2 mm，≤ 3 mm</td><td>>3 mm</td><td></td></tr>
<tr><td>15 分</td><td>12 分</td><td>10 分</td><td>0 分</td><td></td></tr>
<tr><td rowspan="2">咬边</td><td>0</td><td>深度≤ 0.5 mm
且长度≤ 15 mm</td><td>深度≤ 0.5 mm
且 15 mm< 长度
≤ 30 mm</td><td>深度 >0.5 mm
或长度 >30 mm</td><td></td></tr>
<tr><td>15 分</td><td>12 分</td><td>10 分</td><td>0 分</td><td></td></tr>
<tr><td rowspan="3">焊缝外表成形</td><td>优</td><td>良</td><td>一般</td><td>差</td><td></td></tr>
<tr><td>成形美观，鱼鳞均匀、细密，高低、宽窄一致</td><td>成形较好，鱼鳞均匀，焊缝平整</td><td>成形尚可，焊缝平直</td><td>焊缝弯曲，高低、宽窄不一致，有表面焊接缺欠</td><td></td></tr>
<tr><td>15 分</td><td>10 分</td><td>8 分</td><td>0 分</td><td></td></tr>
<tr><td colspan="2">安全文明生产</td><td colspan="4">合格 10 分；违反操作规程，视情况扣 1 ~ 10 分</td><td></td></tr>
</table>

课题 4
钨极氩弧焊 T 形接头平角焊

学习目标

1. 了解板 T 形接头平角焊的特点。
2. 能进行板 T 形接头平角焊前的装配与定位焊。
3. 能进行板 T 形接头平角焊，达到质量要求。
4. 能进行焊缝质量检测。

一、板 T 形接头平角焊技术

1. 板 T 形接头平角焊的特点

在焊接结构中，T 形接头、搭接接头、角接接头的角焊缝广泛采用氩弧焊进行焊接，焊接时，与板对接焊操作手法有所不同，若操作不当，容易出现咬边、夹渣、焊脚尺寸不对称、焊缝凸度过大等缺欠。

2. 焊道的层数与道数

氩弧焊与其他焊接方法一样，根据焊脚尺寸的大小，确定焊道的层数与道数，一般焊脚尺寸随焊件厚度的增大而增大，但氩弧焊通常用于薄板的焊接，因此焊道的层数与道数较少，通常为 1 ~ 2 层（道）。

二、技能操作

T 形接头平角焊焊件图样如图 3-4-1 所示。

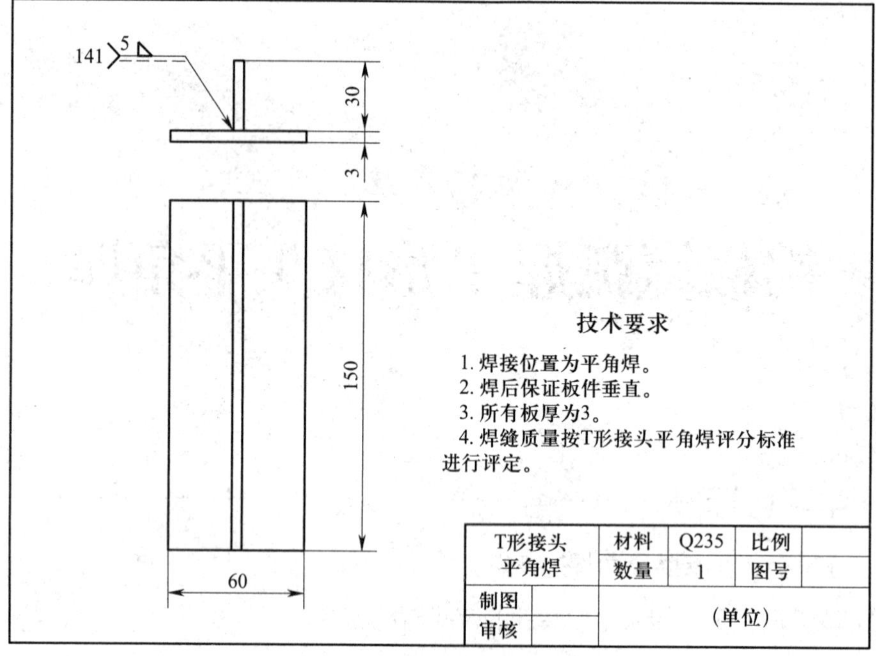

图 3-4-1　T 形接头平角焊焊件图样

1. 图样分析

分析图样可知，焊接任务为薄板 T 形接头平角焊，焊接方法可采用手工钨极氩弧焊，焊脚尺寸要求为 5 mm，焊件材料为 Q235 钢，焊后按 T 形接头平角焊评分标准对焊缝外观质量进行检测。

2. 焊前准备

（1）准备焊接设备

焊件材料为 Q235 钢，焊接设备可选择直流焊接电源，本课题选用 WS-400 型手工 / 氩弧双用焊机，电源极性选择直流正接。

（2）准备辅助工具

准备錾子、钢丝刷、尖嘴钳、焊接防护面罩等。

（3）准备量具

准备钢直尺、焊接检验尺、游标卡尺等。

（4）准备焊件

焊件材料为 Q235 钢，尺寸为 60 mm × 150 mm × 3 mm 1 件、30 mm × 150 mm × 3 mm 1 件。钨极氩弧焊对锈蚀、油污较为敏感，为保证焊接质量，在待焊处 25 mm 范围内用角向磨光机打磨干净锈蚀、油污等，直至露出金属光泽，避免产生气孔、裂纹等缺欠。

（5）准备焊接材料

选用牌号为 TIG-J50 的氩弧焊焊丝，焊丝直径为 2.0 mm，钍钨极直径为 2.4 mm，其端部磨成尖锥形，氩气纯度≥ 99.99%。

3. 选择焊接参数

T 形接头平角焊焊接参数见表 3-4-1。

表 3-4-1　T 形接头平角焊焊接参数

层次	钨极直径 / mm	喷嘴直径 / mm	焊丝伸出长度 /mm	氩气流量 /（L/min）	焊丝直径 / mm	焊接电流 / A	电源极性
单层焊	2.4	10 ~ 14	5 ~ 6	10 ~ 12	2.0	90 ~ 110	直流正接

4. 焊接安全防护

氩弧焊时弧光中的紫外线特别强，焊接时操作者应穿戴好焊接防护用品，包括工作服、焊工防护手套、安全防护鞋、安全帽、防尘口罩等。

5. 焊件的装配与定位焊

利用石笔画出立板装配位置线，按图样要求的尺寸进行装配，装配时保证立板与水平板的垂直度，在非焊接侧板两端和中间各一点进行定位焊，定位焊缝长度为 10 ~ 15 mm，如图 3-4-2a 所示。定位焊后，预置 3° 左右的反变形，如图 3-4-2b 所示。

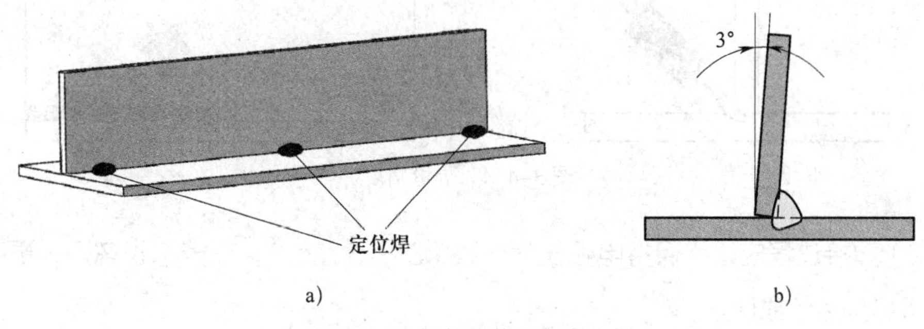

图 3-4-2　焊件的装配与定位焊

a）定位焊点　b）预置反变形

6. 焊接操作方法与步骤

（1）焊件的放置

将焊件置于平焊位置，根据焊脚尺寸大小，采用单层焊、左向焊法。

（2）焊接参数的调节

根据表 3-4-1 所列的焊接参数接对电源极性，调节好焊接电流。

（3）引弧

采用非接触引弧法引弧，将焊枪的钨极端部对准焊缝起焊处，按下焊枪开关，高频放电，引燃电弧，引弧过程中需要注意以下两点：

1）保持正确的焊枪角度，与正式焊接的焊枪角度基本一样。

2）钨极端部与焊件的距离保持在 1 ~ 3 mm，钨极端部太低，容易粘上焊件；钨极端部太高，引弧不成功，如图 3-4-3 所示。

（4）焊接

电弧引燃后，焊枪在起焊处稍做停留，待熔池出现后，开始填丝焊接，在焊接时注意以下几点：

1）保持正确的焊枪角度和较小的焊丝倾角，焊枪角度太大，热量集中，加热速度快；焊枪角度太小，热量较分散，气体保护效果也变差，焊接时，焊枪与两板间的夹角为 45°，焊枪后倾角为 70° ~ 80°，如图 3-4-4 所示。

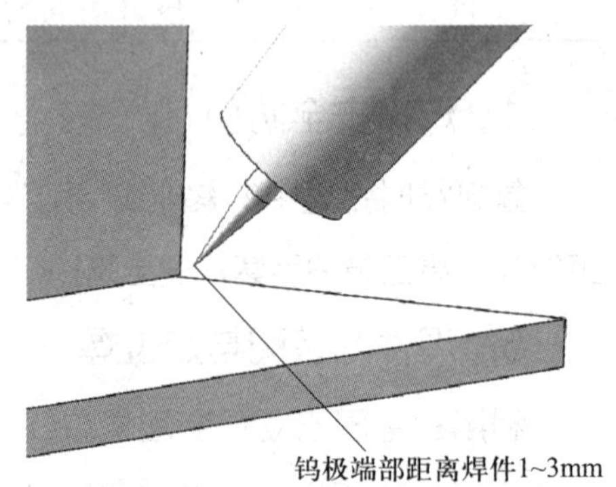

图 3-4-3　引弧钨极高度

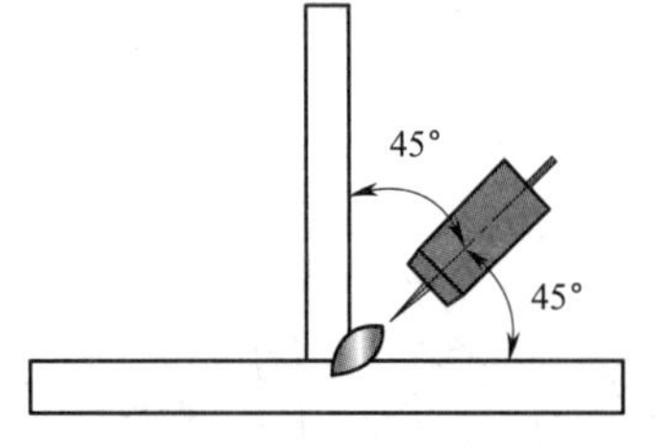

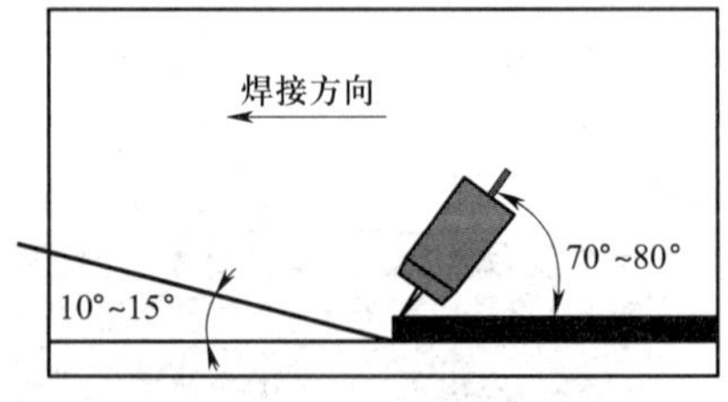

图 3-4-4　焊枪角度

2）焊接过程应始终保持电弧长度一致（3 ~ 5 mm），不能忽长忽短，更不能让钨极碰到熔池或焊丝。

3）焊丝送进时可根据焊缝熔宽和余高的大小采用连续填丝或断续填丝，当发现熔宽、余高增大时，可从连续填丝变为断续填丝；反之则由断续填丝变为连续填丝，但最好能统一采用一种填丝方式。

4）焊丝送进位置是熔池的前边沿，以保证焊丝、母材熔合良好。

5）当发现焊缝中间过凸、与板两侧熔合较差时，焊枪可以适当摆动，如

图 3-4-5 所示，以将熔池中铁液摊开，使板两侧熔合良好，但操作时应注意均匀、稳定地摆动焊枪，否则容易出现咬边现象。

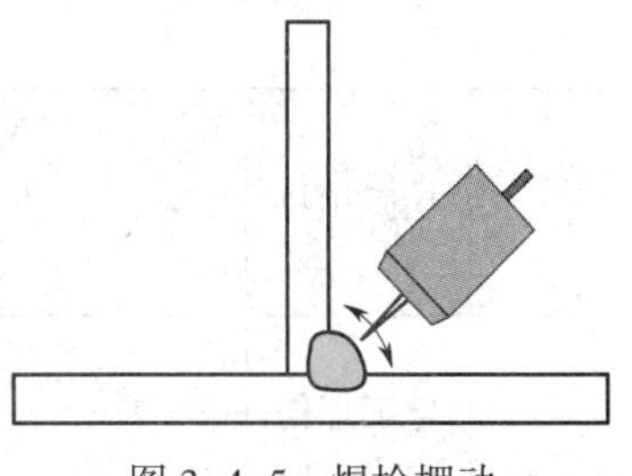

图 3-4-5　焊枪摆动

（5）收弧

焊接收尾处应注意填满弧坑，利用焊机的电流衰减功能降低熔池温度，填少量焊丝以填满弧坑。熄弧后，不要急于移开焊枪，应保持在原处，让滞后关闭的氩气继续保护焊缝几秒钟，以防止焊缝金属在高温下产生氧化现象。

（6）焊接结束

焊接结束，关闭焊机电源、气瓶阀门，将焊接电缆、气管等归位，并清扫工位，擦拭焊机。

7. 焊缝质量检测

检测焊缝质量前利用錾子、钢丝刷将焊缝表面及周边的飞溅物清理干净，按表 3-4-2 所列的 T 形接头平角焊评分标准对焊缝外观质量进行检测。

表 3-4-2　T 形接头平角焊评分标准

焊件外观	检查项目	焊缝等级标准及配分				得分
		Ⅰ	Ⅱ	Ⅲ	Ⅳ	
正面	焊脚尺寸 K_1	5 mm	>5 mm，≤6 mm	>6 mm，≤7 mm	< 5 mm，>7 mm	
		13 分	9 分	6 分	0 分	
	焊脚尺寸 K_1 差	≤ 0.5 mm	>0.5 mm，≤1 mm	>1 mm，≤2 mm	>2 mm	
		9 分	7 分	6 分	0 分	
	焊脚尺寸 K_2	5 mm	>5 mm，≤6 mm	>6 mm，≤7 mm	< 5 mm，> 7 mm	
		13 分	9 分	6 分	0 分	
	焊脚尺寸 K_2 差	≤ 0.5 mm	>0.5 mm，≤1 mm	>1 mm，≤2 mm	> 2 mm	
		9 分	7 分	6 分	0 分	
	焊缝凸度	>0.5 mm，≤1 mm	>1 mm，≤1.5 mm	>1.5 mm，≤2 mm	>2 mm	
		9 分	7 分	5 分	0 分	
	咬边	无咬边	深度≤ 0.5 mm 且长度≤ 15 mm	深度≤ 0.5 mm 且 15 mm < 长度≤ 30 mm	深度 >0.5 mm 或长度 >30 mm	
		12 分	8 分	5 分	0 分	

续表

焊件外观	检查项目	焊缝等级标准及配分				得分
		Ⅰ	Ⅱ	Ⅲ	Ⅳ	
正面	电弧擦伤	无	有			
		5 分	0 分			
	焊缝外表成形	优	良	一般	差	
		成形美观，鱼鳞均匀、细密，高低、宽窄一致	成形较好，鱼鳞均匀，焊缝平整	成形尚可，焊缝平直	焊缝弯曲，高低、宽窄不一致，有表面焊接缺欠	
		15 分	10 分	8 分	0 分	
	气孔	无气孔，5 分；有气孔，0 分				
安全文明生产		合格 10 分；违反操作规程，视情况扣 1 ~ 10 分				

世界技能大赛知识普及（3）

世界技能大赛竞赛项目

1．运输与物流

（1）飞机维修

飞机维修项目是指按照标准和程序要求对飞机 / 直升机进行维护、检查，发现并排除故障，使飞机 / 直升机达到安全服役状态的竞赛项目。比赛中对选手的技能要求主要包括：熟悉飞机 / 直升机的机身结构以及动力、液压、操纵、电气等系统的原理和组成，具备钣金成形、铆接、机务维护、复合材料修理、机械和电气结构拆装与故障排除等基本知识和技能；掌握简单的飞机 / 直升机结构图、电气系统原理图等，能够正确使用各种工具和检测设备，对各种类型的飞机 / 直升机进行技术故障排除、修理和维护；具备飞机 / 直升机故障查找和准确描述、飞机结构修理（有色金属）、复合材料结构检修、外场可更换单元（LRU）机械和电气故障排除等各模块的理论知识和操作技能。

（2）车身修理

车身修理项目是指通过车身校正平台和相关的测量设备，检测车身损伤程度并修复结构损伤至原厂技术参数的竞赛项目。比赛中对选手的技能要求主要包括：诊断与校正；更换需要焊接的面板和部件；拆卸、重装或更换以及重组内外部件和面板；正确选择、组装和使用工具或设备；修复车身相关部件，如车身电气诊断、塑料件修复和玻璃更换等。

（3）汽车技术

汽车技术项目是指选手在汽修车间进行汽车检测、故障诊断以及维护修理的竞赛项目。比赛中对选手的技能要求主要包括：目视检查，使用测试仪器与故障诊断仪器进行测量、检测，对数据（流）进行分析，诊断车

辆各系统的故障并排除；具备系统的逻辑思维能力，能进行电气系统的构建和测试；可完成制动稳定性控制系统、悬挂及转向系统、发动机机械性能测试与修理，具备传动装置和组件维护、汽油发动机管理等问题的诊断及维护能力。

（4）汽车喷漆

汽车喷漆项目是指运用合适的技术和流程，对汽车工件上的损伤进行喷漆修复的竞赛项目，包括：使用原子灰修复汽车金属工件上的划痕、凹陷损伤，喷涂防锈底漆，高固中涂底漆或免磨底漆，水性素色、银粉或珍珠底色漆，高固清漆，快干清漆或者哑光清漆，纳米陶瓷清漆，使效果、质量达到受损前的状态。对于塑料件损伤，使用塑料原子灰、塑料底漆，并在清漆中添加柔软添加剂。汽车喷漆项目对选手的技能要求主要包括以下方面：打磨原子灰至受损前状态；喷涂底漆、水性底色漆、清漆至原厂漆质量；调色技能，选手需要选择并使用正确用量的色母调配色漆，喷涂试色板检验所调颜色是否准确，然后微调颜色直到与目标颜色一致；在汽车工件上喷绘图案。

（5）重型车辆维修

重型车辆维修项目是指对工程机械、农业机械、矿山机械、林业机械、重型卡车和工业设备进行维修、保养的竞赛项目。比赛中对选手的技能要求主要包括：具备组织和执行有关保养和维护决定，液压系统、整车电气系统、传动系统、转向系统、制动系统故障诊断和排除，应用最合适的方法完成任务的能力；按照要求进行相应的精密测量、故障检查、相关组件和系统的保养维修工作；正确使用相关工具，在保养、维修过程中以书面形式清晰、准确地记录每项任务的技术资料。

（6）货运代理

货运代理项目自45届开始成为正式参赛项目（第44届为新增展示项目），是指按照货运代理业务流程，在规定的期限和压力下完成客户获取、报价计算、运输管理、费用计算、海运操作、投诉处理和索赔处理等的竞赛项目。比赛中对选手的技能要求主要包括：掌握货运代理业务流程，运用公路、铁路、航空、海（水）运、多式联运等多种交通手段，满足货物及物品在世界范围内移动的要求，以用于销售和生产；在规定的期限和压力下完成客户获取、路径设计、客户沟通、业务与合同、报价计算、运输管理、索赔、投诉处理等多方面内容；应用国际通用语言——英文对业务情况进行交涉与沟通；具有全面、专业的物流知识，具备精准、快速的反应能力，有效运用问题处理技能满足客户的要求。

2. 结构与建筑技术

（1）建筑石雕

建筑石雕项目是指根据图样指示完成模板剪切，并对石材进行精确的细节雕刻及字母、图案雕饰的竞赛项目。该项目对选手的技能要求包括：正确识读图样信息，按照图样要求对石材进行雕刻处理；应用复杂模板完成雕刻工作，针对不同石材特性准确采用手工或气动雕刻技术；了解如何刻字雕花，并能将完整尺寸的图样和细节信息转化到石材上。

（2）砌筑

砌筑项目是指通过进行砌铺、垒石料、装玻璃或抹陶土等工作，建造内墙和外墙、隔断、壁炉、烟囱和其他建筑物的竞赛项目。比赛中对选手的技能要求主要包括：识图、放样和测量；按照图样进行项目施工；对不同材料采用手工切割或机械切割技术，将砖块定位并铺设到正确位置；根据规范对接缝进行表面处理。

（3）家具制作

家具制作项目是指综合运用家具设计、家具材料、家具结构、加工工艺、装饰艺术等专业知识、制作技术和审美能力，通过应用限定的机械加工设备、设施与手工工具，完成一件高质量的家具制作的竞赛项目。比赛中对选手的技能要求主要包括：能快速、准确地看懂图样，并制定加工与制作的正确流程；能正确识别和熟练应用各种材料；能熟练掌握和安全操作工位内和公共区域的各种加工设备及设施；能熟练、高效和科学地使用各种手工工具，且能综合地将手工制作与设备加工高度融合，完成高精度的各种榫卯和家具结构的加工；同时具备贴木皮等装饰技能、砂光打磨和倒棱等表面处理能力以及零部件组装、五金配件的精准安装等能力；能在整个比赛过程中严格遵守安全、健康和环保的要求，在规定时间内独立完成一件优质产品的制作。

（4）木工

木工项目是指对商业和民用等建筑项目进行准确测量、制图、放样、精准切割、安装，包括制作楼梯、外墙、屋顶以及定制橱柜等；适用范围为商业建筑、民居、车库、棚子、眺望台、藤架和游戏室的竞赛项目。比赛中对选手的技能要求主要包括：测量、放样、熟练使用手动工具或电动工具进行切割、制作结合处、组装、安装等。

（5）混凝土建筑

混凝土建筑项目是指进行商业建筑和住宅建筑的建造，可在室内外进行工作的竞赛项目。比赛中对选手的技能要求主要包括：准备简单的现场测量图及相关原材料，计算模板和原材料等的需求；解读、分析与领会模板、钢筋、混凝土等的施工方案；完成比赛要求的有关放样测量、模板搭建、钢筋绑扎、混凝土浇筑、模板拆除和再加工等相关任务。

（6）电气装置

电气装置项目是指运用传统技术和新兴技术，对各类商业或民用建筑的电气装置进行特定设计、安装、调试、运行的竞赛项目。比赛中对选手的技能要求主要包括：熟练掌握多种不同用途的线路系统的安装与调试；使用提供的图样和文档对安装工作进行规划和设计，并完成安装；调试及安装设备，以保证各项操作的正确性；诊断电气装置，识别问题并维修。

（7）精细木工

精细木工项目是指通过手工工具和木工机器设备，使用多种榫卯形式连接两个或两个以上的木构件，形成结构，用于门、窗、楼梯和其他建筑构件的竞赛项目。比赛中对选手的技能要求主要包括：识图、绘图、材料挑选、榫卯制作、铣形修边、构件组装、表面处理、安全操作等。

（8）园艺

园艺项目是指在规定的时间和空间里，按设计好的赛题及设计理念，使用工具对指定造景材料进行制作、安装、布置和维护的竞赛项目。比赛中对选手的技能要求主要包括：砌筑、木材加工、植物与置石造景、水电安装等；合理安排工作流程和工时；注意个人防护，施工动作符合人体工学。

（9）油漆与装饰

油漆与装饰（绘画与装饰）项目是指考查创造性思维、设计意识、绘画技能、油漆涂装技术等技能操作的竞赛项目。比赛中对选手的技能要求主要包括：阅读理解技术文件和图样及制作材料说明书，依据图样做出整体的施工方案；根据图样技术要求对坐标、尺度、比例进行精确测量，运用手绘或通过计算机进行辅助设计；根据不同类型基底采用正确的预备施工步骤，正确使用工具和设备按标准检查整体施工质量；注重环境保护和施工区域的整洁，包括清理并维护施工设备；注意做好健康安全保护。

（10）抹灰与隔墙系统

抹灰与隔墙系统项目是指使用涂料、装饰材料等，运用抹灰技术，对建筑进行修建、改善和整修的竞赛项目。比赛中对选手的技能要求主要包括：在石膏板上安装金属框架，进行隔热、隔音、防火处理；装饰与预制件的处理；判断室内涂料是否褪色、光滑、有纹理；看懂设计图样；进行隔墙、天花板、边角处理，石膏板的修整和抹灰，创意与装饰等。

（11）管道与制暖

管道与制暖项目是指为民用及工业建筑安装给水、排水、供暖、卫浴等系统的设备和管道的竞赛项目，主要包括系统管路设计，供热、供暖、卫浴等设备安装，不锈钢管、铜管、镀锌钢管、铝塑复合管、非金属管等管道连接，系统功能调试及问题处理。比赛中对选手的技能要求主要包括：管线轴测图绘制、管道煨弯、铜管钎焊连接、铝塑复合管滑紧连接、金属管卡压连接、钢管套丝连接、HDPE管热熔连接、PP管承插连接、专用配件连接及系统调试等。

（12）制冷与空调

制冷与空调项目是指在住宅、商业或公共建筑内，建设和生产期间及建成之后，与所有规格和类型的制冷空调设备相关的工作的竞赛项目。比赛中对选手的技能要求主要包括：按高标准对制冷空调设备进行设计、安装、测试、调试、维护、故障排查和维修。

（13）瓷砖贴面

瓷砖贴面项目是指在多种建筑物的墙面、地板、楼梯上铺设陶瓷、马赛克或天然大理石等材料以起到保护和装饰作用的竞赛项目。比赛中对选手的技能要求主要包括：根据图样和说明丈量贴砖的面积，并计算所需最少砖量；移除覆盖物，找平表面，按设计图案切割面砖，在面砖背面涂抹灰浆或胶结剂，把面砖铺贴在建筑物表面。

模块四

焊条电弧焊

课题 1 焊条电弧焊设备的安装与调试

学习目标

1. 了解焊条电弧焊的原理、特点及应用。
2. 能认识焊条电弧焊所用设备及工具。
3. 能进行焊条电弧焊设备的安装与调试。

一、焊条电弧焊的原理

焊条电弧焊是最常用的熔焊方法之一，它使用的设备简单，操作方便、灵活，适应在各种条件下的焊接，特别适用于形状复杂的焊接结构的焊接。焊条电弧焊原理如图 4–1–1 所示，在焊条端部和焊件之间燃烧的电弧所产生的高温使药皮、焊芯及焊件熔化，药皮熔化过程中产生的气体和熔渣不仅将熔池与电弧周围的空气隔绝，而且与熔化的焊芯、母材发生一系列冶金反应，使熔池金属冷却结晶后形成符合要求的焊缝。

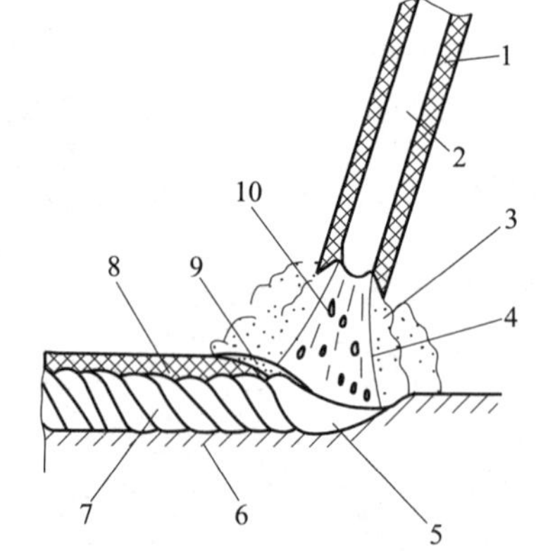

图 4–1–1　焊条电弧焊原理

1—药皮　2—焊芯　3—保护气体　4—电弧　5—熔池　6—母材　7—焊缝　8—渣壳　9—熔渣　10—熔滴

二、焊条电弧焊的特点

1. 工艺灵活，适应性强。对于不同的焊接位置、接头形式、焊件厚度和焊缝，只要是焊条所能达到的位置，均能方便地进行焊接。

2. 应用范围广泛。焊条电弧焊的焊条能够与大多数焊件金属性能相匹配，因而，接头的性能可以达到被焊金属的性能。

3. 易于分散焊接应力及控制焊接变形。

4. 设备简单，成本较低。焊条电弧焊使用的交流焊机和直流焊机结构都比较简单，维护及保养也较方便，设备轻便而且易于移动，且焊接中不需要辅助气体进行保护，并具有较强的抗风能力。因此投资少，成本相对较低。

5. 焊接生产效率低，劳动强度大。

6. 焊缝质量依赖性强。焊条电弧焊的焊缝质量主要靠焊工的操作技术水平和经验保证。

三、焊条电弧焊的应用

目前，焊条电弧焊广泛应用于船舶、车辆、桥梁、建筑、锅炉、压力容器、石油化工、矿山机械、起重机械、冶炼设备、机械制造等部门的结构工程和产品制造中。由于焊条有多种类型，因此，焊条电弧焊可焊接碳钢、低合金钢、耐热钢、低温钢、不锈钢等多种材料。此外还能对某些镍基合金、铜基合全、铸铁等成功地进行焊接，并可实现耐磨、耐腐蚀、耐热合金的堆焊。

四、焊条电弧焊使用的设备及工具

焊条电弧焊使用的设备及工具如图 4-1-2 所示，主要由弧焊电源、焊钳、焊接电缆等组成，辅助工具有焊条烘干箱、焊条保温筒、钢丝刷等。

1. 弧焊电源

（1）弧焊电源分类及型号含义

焊条电弧焊设备的主要功能是为电弧提供电能，其中弧焊电源是焊条电弧焊设备中的主要部分，包括交流电源和直流电源两大类。如图 4-1-3 所示为常见的焊条电弧焊焊机，常见型号及含义见表 4-1-1，具体型号编制参见国家标准《电焊机型号编制方法》(GB/T 10249—2010)。

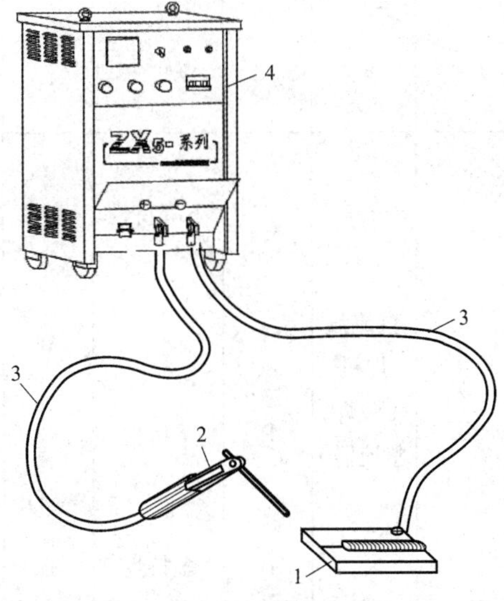

图 4-1-2 焊条电弧焊使用的设备及工具

1—焊件 2—焊钳 3—焊接电缆 4—弧焊电源

a)

b)

图 4–1–3　焊条电弧焊焊机

a）BX1–300 型焊机　b）ZX7–400 型焊机

表 4–1–1　焊条电弧焊焊机型号及含义

第一位		第二位		第三位		第四位		数字
字母	含义	字母	含义	字母	含义	数字	含义	
B	交流弧焊机	X	下降特性	L	高空载电压	省略	磁放大器或饱和电抗器式	额定焊接电流 /A
						1	动铁心式	
						2	串联电抗器式	
		P	平特性			3	动圈式	
						4		
						5	晶闸管式	
						6	变换抽头式	
Z	直流弧焊机（弧焊整流器）	X	下降特性	省略	一般电源	省略	磁放大器或饱和电抗器式	
						1	动铁心式	
				M	脉冲电源	2		
						3	动线圈式	
		P	平特性	L	高空载电压	4	晶体管式	
						5	晶闸管式	
						6	变换抽头式	
		D	多特性	E	交直流两用	7	逆变式	

例如，焊机型号 ZX7-400 中的 Z 表示直流弧焊机，X 表示下降特性，7 表示逆变式，400 表示额定焊接电流为 400 A。

（2）弧焊电源的选用

通常可根据焊条类型选用直流或交流弧焊电源，用酸性焊条焊接一般金属结构时，可选用动铁心式、动圈式或抽头式弧焊变压器（BX1-300、BX3-300、BX6-120 等）；用碱性焊条焊接较重要的结构钢时，可选用直流弧焊电源，如弧焊整流器（ZXG-400、ZX1-250、ZX5-250、ZX5-400、ZX7-400 等）。

2. 焊钳

焊钳是用以夹持焊条并传导电流以进行焊接的工具，其外形如图 4-1-4 所示。焊条电弧焊对焊钳有以下要求：

（1）焊钳必须有良好的绝缘性与隔热能力。

（2）焊钳的导电部分采用纯铜制成，保证有良好的导电性。与焊接电缆连接应简便可靠，接触良好。

（3）焊条位于水平、45°、90°等方向时，焊钳应能夹紧焊条，更换焊条方便，并且质量轻，便于操作，安全性高。常用焊钳有 300 A、500 A 两种规格，其技术参数见表 4-1-2。

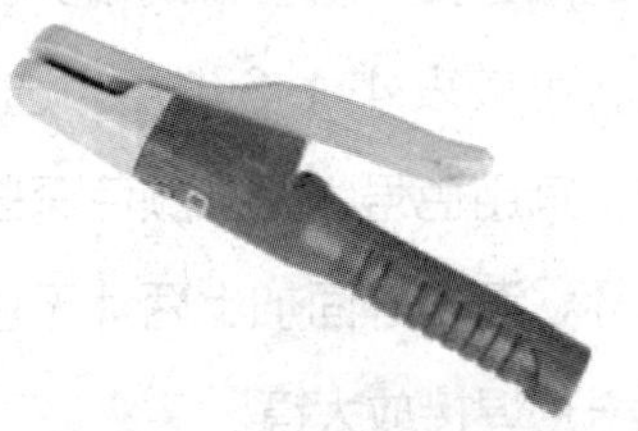

图 4-1-4　常用焊钳外形

表 4-1-2　焊钳技术参数

型号	额定电流 /A	可装配焊接电缆的最小截面积范围 / mm^2	适用的焊条直径 /mm	质量 /kg	外形尺寸
G352	300	35 ~ 50	4.0 ~ 6.3	0.5	250 mm × 80 mm × 40 mm
G582	500	70 ~ 95	6.3 ~ 10.0	0.7	290 mm × 100 mm × 45 mm

3. 焊接电缆

焊接电缆的作用是传导焊接电流，对焊接电缆有以下要求：

（1）焊接电缆用多股细纯铜丝制成，其截面积应根据焊接电流和导线长度选择。

（2）焊接电缆外皮必须完整、柔软、绝缘性好，如外皮损坏，应及时修好或更换。

（3）焊接电缆长度一般不宜超过 30 m，如需超过时，可以用分节导线，连接焊钳的一段用细电缆，便于操作，以减轻焊工的劳动强度。电缆的外形如图 4-1-5 所示。

图 4-1-5　焊接电缆

4. 面罩

面罩是为防止焊接时产生的飞溅、弧光及其他辐射对焊工面部及颈部损伤的一种遮蔽工具，有手持式和头盔式两种。面罩上装有用以遮蔽焊接有害光线的遮光镜片，可按表 4-1-3 选用。选择镜片的色号时还应考虑焊工的视力，一般视力较好时，宜用色号大些且颜色深些的镜片，以保护视力。为防止镜片被焊接时的飞溅物损坏，可在外面加上两片无色透明的防护白玻璃。有时为改善视觉效果可在镜片后加一片焊接放大镜。

表 4-1-3　焊接护目镜镜片选用参考

色号	适用电流 /A	尺寸
7 ~ 8	≤ 100	2 mm × 50 mm × 107 mm
8 ~ 10	100 ~ 300	2 mm × 50 mm × 107 mm
10 ~ 12	≥ 300	2 mm × 50 mm × 107 mm

5. 焊条保温筒

焊条保温筒能使焊条从烘箱内取出后放在保温筒内继续保温，以保持焊条药皮在使用过程中的干燥度。焊条保温筒在使用过程中，先连接在弧焊电源的输出端，在弧焊电源空载时通电加热到工作温度 150 ~ 200 ℃后再放入焊条。装入焊条时，应将焊条斜滑入保温筒内，防止其直捣保温筒筒底。同时，在焊接过程中断时应接入弧焊电源的输出端，以保持焊条保温筒的工作温度。

6. 敲渣锤

敲渣锤是清除焊缝焊渣的工具，焊工应随身携带。敲渣锤有尖锥形和扁铲形两种，常用的是尖锥形。清渣时焊工应戴平光镜。

五、技能操作

任选 BX1-330 型、BX3-300 型或 ZXG-300 型等焊条电弧焊设备，对其进行电源及附件的安装，安装后进行检查及验收，保证设备正常使用。

1. 安装前准备

（1）准备工具

安装焊机附件需要准备一字旋具、十字旋具、活扳手、内六角扳手、剪刀等。

（2）检查设备及附件

按产品说明书检查设备及各附件是否齐全和完好。

2. 安装步骤

（1）由持证电工安装焊机一次侧电源线及接地线。

（2）安装焊机各附件，具体步骤见表 4-1-4。

表 4-1-4　安装步骤

安装步骤	图示（安装前）	安装说明	图示（安装后）
1. 焊钳与电缆的安装	1—焊钳　2—电缆	拆开焊钳后，将剥去外皮的焊接电缆插入焊钳的夹片中，用扳手将其拧紧，注意细铜丝不能露出夹片外，以防接触不良，焊接时容易发热而烧损	
2. 地线夹的安装	地线夹夹片	将剥去外皮的焊接电缆插入地线夹的夹片中，通过锤击将其压紧，注意细铜丝不能露出夹片外，以防接触不良，焊接时容易发热而烧损	

续表

安装步骤	图示（安装前）	安装说明	图示（安装后）
3. 快速接头的安装		将剥去外皮的焊接电缆插入快速铜接头的孔中，利用内六角扳手将其拧紧，注意细铜丝不能露出接头孔外，以防接触不良，焊接时容易发热而烧损	 1—快速接头 2—焊钳
4. 接地线、焊钳线与焊机的连接		将接地线、焊钳线的快速接头分别插入焊机二次侧电源线输出端的正、负极上，并拧紧（根据极性选择正接或反接）	

3. 设备调试

焊机各附件安装完毕应开机进行试焊，以检查设备运转是否正常，具体步骤如下：

（1）打开焊机电源开关，观察焊机前面板上的电流表显示是否正常，焊机风扇是否转动等。

（2）在焊机面板调节焊接电流，将电流预调为 120 ~ 140 A。

（3）利用引弧板进行试焊，通过观察引弧的成功率、焊接的稳定性、焊机运转声音等，判断焊机是否正常。正常的设备方可投入使用。

课题 2
认识焊条电弧焊焊接材料

学习目标

1. 了解焊条的组成和作用。
2. 能识别焊条的型号和牌号。
3. 掌握酸性焊条和碱性焊条的选择原则。
4. 了解焊条保管与储存的基本原则。

一、焊条的组成和分类

1. 焊条的组成和作用

焊条是焊条电弧焊的焊接材料，是涂有药皮的供焊条电弧焊用的熔化电极。它由焊芯和药皮两部分组成。压涂在焊芯表面的涂料层即药皮，焊条中被药皮包覆的金属芯称为焊芯，焊条的组成如图 4-2-1 所示。焊条作为传导焊接电流的电极和焊缝的填充金属，其性能和质量将直接影响焊接质量。

焊条一端未涂药皮的焊芯部分长 10 ~ 35 mm，供焊钳夹持并有利于导电，是焊条的夹持端。在焊条另一端药皮有 45° 左右倾角，将焊芯金属露出，以便于引弧。

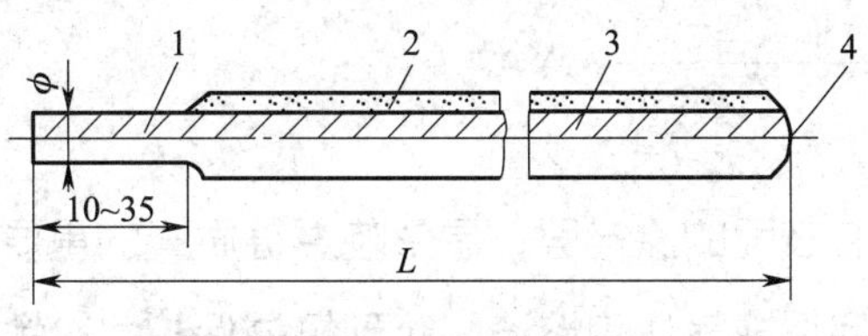

图 4-2-1　焊条的组成

1—夹持端　2—药皮　3—焊芯　4—引弧端

（1）焊芯

1）焊芯的成分和作用。焊芯是焊条的金属芯部分，焊芯在焊接中作为电极产生电弧，熔化后作为填充金属进入熔池而成为焊缝的一部分。为了保证焊接质量，焊芯由专用的焊条钢盘条经拔丝、切断等工序后制成。焊接过程中，焊芯的作用是传导焊接电流，与焊件产生电弧，本身熔化作为填充金属与熔化的母材金属熔合而形成焊缝。一般碳钢和低合金钢焊条选用低碳钢焊芯，焊芯由碳素钢焊条盘条加工而成。常用的低碳钢焊芯有 H08A 和 H08E 两个牌号。

2）焊芯的规格。通常说的焊条直径均指焊芯的直径，常用的焊条直径为 1.6 mm、2.5 mm、3.2 mm、4 mm、5 mm 等。焊条的长度指焊芯的长度，一般在 250 ~ 450 mm 之间。低碳钢焊芯的含碳量应在保证焊缝与母材等强度的条件下越低越好，一般规定含碳量小于 0.10%。焊芯中含碳量增加，会使焊缝的气孔与裂纹倾向加大，同时会增大飞溅，破坏焊接过程的稳定性。

3）焊芯的分类及牌号。焊芯应符合国家标准《熔化焊用钢丝》（GB/T 14957—1994）以及黑色冶金行业标准《焊接用不锈钢丝》（YB/T 5092—2016）的规定，用于焊芯的专用钢丝可分为碳素结构钢、合金结构钢、不锈钢三类。

焊芯的牌号编制方法如下：字母“H”表示焊丝；“H”后的一位或两位数字表示含碳量；化学元素符号及其后的数字表示该元素的近似含量，当某合金元素的含量低于 1% 时，可省略数字，只标记元素符号；尾部标有“A”或“E”时，分别表示“优质品”或“高级优质品”，表明硫、磷等杂质含量更低。

例如：

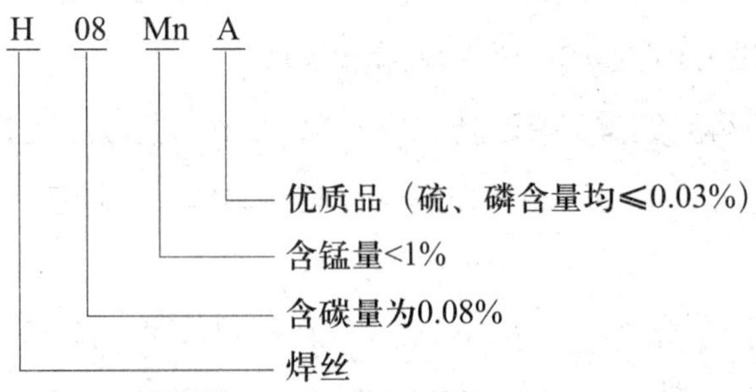

（2）药皮

药皮是指涂在焊芯表面的涂料层，是影响焊缝质量的重要因素之一。药皮在焊接过程中分解、熔化后形成气体和熔渣，起到机械保护、冶金处理和改善焊接工艺性能的作用。

1）药皮组成物及其作用

①稳弧剂。其作用是改善焊条的引弧性及提高电弧的稳定性，保证焊接电弧稳定燃烧。

②造气剂。加入药皮的造气剂在焊接时能产生气体，起到对熔池和熔滴金属的保护作用，防止空气侵入。

③造渣剂。造渣剂是加入药皮中的矿物材料和化工产品，在焊接时，形成熔渣对液态金属起保护作用和冶金作用，改善焊缝成形。

④脱氧剂。药皮中加入锰铁、硅铁、钛铁等，焊接时对熔渣和焊缝金属起脱氧作用，焊接过程中保护金属不被氧化。

⑤合金剂。加入药皮中的铬、钼、硅、钛、钨、钒的铁合金和铬、锰等纯金属在焊接时对焊缝金属起渗合金作用，以补偿已经烧损或蒸发的合金元素及补加特殊性能要求的合金元素。

⑥稀释剂。其作用是降低熔渣的黏度，增加熔渣的流动性。

⑦黏结剂。黏结剂的主要成分是水玻璃或树胶类物质。通过黏结剂把药皮牢固地黏结在焊芯上，并使药皮具有一定的强度。

⑧增塑、增弹、增滑剂。其主要作用是改善涂料的塑性、弹性和流动性，使其易于用机器压涂在焊芯上。

2）药皮的类型

根据药皮材料中主要成分不同，将其划分为各种类型，主要的焊条药皮类型有钛铁矿型、钛钙型、纤维素钠型、纤维素钾型、高钛钠型等，下面介绍常用的三种：

①钛钙型。药皮中含有质量分数 30% 以上的氧化钛和 20% 以下的钙或镁的碳酸盐。熔渣流动性良好，脱渣容易，电弧稳定，熔深适中，飞溅小，焊波整齐。这类药皮的焊条适用于全位置焊接，焊接电流为交、直流两用。

②低氢钠型。药皮的主要组成物是碳酸盐和氟石，碱度较高，熔渣流动性好，焊接工艺性能一般，焊波较粗，角焊缝略凸，熔深适中，脱渣性较好。这类药皮的焊条适用于全位置焊接。焊接电流为直流反接，熔敷金属具有良好的抗裂性和力学性能。

③低氢钾型。药皮的组成与低氢钠型相似，但添加了稳弧剂，如钾水玻璃等，所以电弧稳定。其他工艺性能与低氢钠型焊条相近，焊接电流为交流或直流反接。用这类药皮的焊条焊接后熔敷金属具有良好的抗裂性能和力学性能。

2. 焊条的分类

（1）按焊条用途分类

按用途不同，焊条可以分为碳钢焊条、低合金钢焊条、钼和铬钼耐热钢焊条、低温钢焊条、不锈钢焊条、堆焊焊条、铸铁焊条、镍及镍合金焊条、铜及铜合金焊条、铝及铝合金焊条、特殊用途焊条等。

（2）按熔渣酸碱度分类

1）酸性焊条。如果药皮熔化后形成的熔渣中酸性氧化物比碱性氧化物多，这类焊条被称为酸性焊条。这类焊条的电弧燃烧稳定，可交、直流两用；熔渣流动性好，飞溅小，焊缝成形美观，脱渣容易。

2）碱性焊条。如果药皮熔化后形成的熔渣中碱性氧化物比酸性氧化物多，这类焊条被称为碱性焊条。用这类焊条施焊，焊缝金属的力学性能和抗裂性能都高于酸性焊条；但电弧稳定性差，对锈蚀、水分都比较敏感，焊接过程中烟尘较大，表面成形也较粗糙。

二、焊条的型号与牌号

焊条种类繁多，在同一类型焊条中，根据不同特性分成不同的型号，某一型号的焊条可能有一个或几个品种等。目前，国产焊条有型号和牌号两种表示形式，下面介绍常用的碳钢焊条的型号与牌号。

1. 碳钢及低合金钢焊条型号

焊条型号根据熔敷金属的力学性能、药皮类型、焊接位置和焊接电流种类划分。焊条型号编制方法如下：字母“E”表示焊条；前两位数字表示熔敷金属抗拉强度最小值；第三位数字表示焊条的焊接位置，“0”及“1”表示焊条适用于全位置焊接（平焊、立焊、仰焊、横焊），“2”表示焊条适用于平焊及平角焊，“4”表示焊条适用于向下立焊；第三位和第四位数字组合时表示焊接电流种类及药皮类型。

在第四位数字后附加“R”表示耐吸潮焊条；附加“M”表示耐吸潮和力学性能有特殊规定的焊条；附加“-1”表示冲击性能有特殊规定的焊条。焊条型号举例如下：

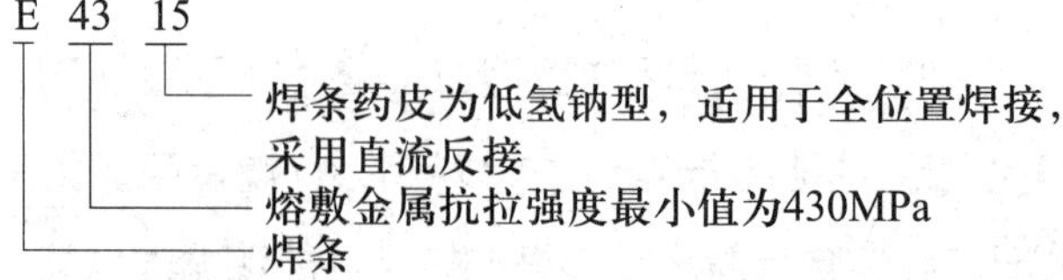

2. 结构钢焊条的牌号

结构钢焊条牌号是指用于碳钢及低合金高强度结构钢的焊条，焊条牌号首字母“J”（或汉字“结”）表示结构钢焊条。牌号前两位数字表示熔敷金属抗拉强度的最低值，见表 4-2-1；牌号第三位数字表示药皮类型和焊接电源种类。对于有特殊性能和用途的结构钢焊条，在牌号后面加注起主要作用的元素或主要用途的汉语拼音字母（一般不超过两个），如 J507MoV、J507CuP 等。

表 4-2-1　结构钢焊条熔敷金属抗拉强度等级

焊条牌号	熔敷金属抗拉强度 / MPa 或 kgf/mm²	焊条牌号	熔敷金属抗拉强度 / MPa 或 kgf/mm²
J42 ×	≥ 412（42）	J75 ×	≥ 740（75）
J50 ×	≥ 490（50）	J80 ×	≥ 780（80）
J55 ×	≥ 540（55）	J85 ×	≥ 830（85）
J60 ×	≥ 590（60）	J10 ×	≥ 980（100）
J70 ×	≥ 690（70）		

例如，牌号为 J507（结 507）的焊条中，“J”（结）表示结构钢焊条，牌号中前两位数字表示熔敷金属抗拉强度的最低值为 50 kgf/mm²（500 MPa），第三位数字“7”表示药皮类型为低氢钠型，采用直流反接电源。按照国家标准《非合金钢及细晶粒钢焊条》（GB/T 5117—2012），它应符合 E5015 型焊条的要求。

结构钢焊条牌号举例：

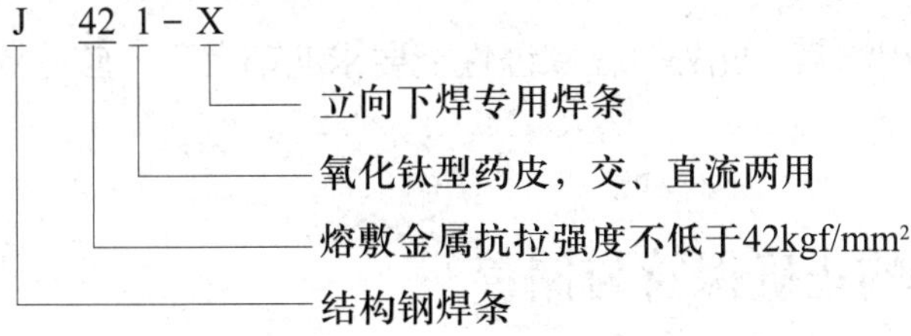

三、焊条焊接工艺性能及选用原则

1. 焊件对焊条酸碱性的要求

由于酸性焊条和碱性焊条药皮的组成物不同，焊条工艺性能和焊缝金属的性能也不同，选择焊条时总体上要考虑以下几个方面的因素：

（1）当接头坡口表面难以清理干净时，应采用氧化性强，对锈蚀、油污等不敏感的酸性焊条。

（2）在容器内部或通风条件较差的条件下，应选用焊接时析出有害气体少的酸性焊条。

（3）在母材中碳、硫、磷等元素含量较高时，且焊件形状复杂，结构刚度高和厚度大时，应选用抗裂性好的碱性焊条。

（4）当焊件承受振动载荷或冲击载荷时，除保证抗拉强度外，应选用塑性和韧性较好的碱性焊条。

（5）在酸性焊条和碱性焊条均能满足性能要求的前提下，应尽量选用工艺性能较好的酸性焊条。

2. 对焊件力学性能和化学成分的要求

根据焊件的力学性能和化学成分选择焊条时，即按照“等强”和“近性”原则。

（1）焊缝性能要与母材性能相同，或焊缝化学成分类型与母材相同，以保证性能相同。选用结构钢焊条时，首先根据母材的抗拉强度按“等强”原则选用强度级别相同的结构钢焊条。其次，对于焊缝性能（如塑性、韧性等）要求高的重要结构，或容易产生裂纹的钢材和结构（如厚度大，刚度高，施焊环境温度低等），焊接时应选用碱性焊条，甚至超低氢焊条、高韧性焊条。

（2）选用不锈钢焊条及钼和铬钼耐热钢焊条时，应根据母材化学成分类型选择化学成分类型相同的焊条。

（3）焊条工艺性能要满足施焊需要。例如，在非水平位置施焊时，应选用适于各种位置焊接的焊条。又如，向下立焊、管道焊接、底层焊接、盖面焊、重力焊时，可选用相应的专用焊条。此外，在保证性能要求的前提下，应选择价格低、熔敷效率高的焊条。

四、焊条的正确保管与储存

1. 焊条的正确保管

使用的焊条必须有质量保证书和复验合格证书，由于焊条药皮成分及其他因素的影响，焊条往往会因吸潮而导致使用工艺性能变差，造成电弧不稳定，飞溅增大，并且容易产生气孔、裂纹等缺欠。因此，焊条使用前必须烘干，焊条的烘干及保管应注意以下几点：

（1）焊条在使用前，酸性焊条视受潮情况在 100 ~ 150 ℃烘干 1 ~ 2 h；碱性低氢型结构钢焊条应在 350 ～ 400 ℃烘干 1 ～ 2 h，烘干后的焊条应放在 100 ～ 150 ℃保温箱（筒）内，随用随取。

（2）低氢型焊条一般在常温下超过 4 h 应重新烘干，重复烘干次数不宜超过三次。

（3）烘干焊条时，禁止将冷焊条突然放进高温炉内，或从高温炉内突然取出冷却，烘箱温度应徐徐升高或降低，防止焊条因骤冷骤热而使药皮开裂或脱落等。

（4）焊条烘干时应做记录，记录上应有牌号、批号、温度、时间等内容。

（5）在焊条烘干期间，应有专门负责的技术人员对操作过程进行检查和核对，每批焊条不得少于一次，并在操作记录上签字。

（6）烘干焊条时，焊条不应成垛或成捆堆放，应铺成层状且堆放层数不能太多（一般为 1 ～ 3 层），避免焊条烘干时受热不均匀和潮气不易排出。

（7）露天操作隔夜时，必须将焊条妥善保管，不允许露天存放，应在低温烘箱中恒温保存，否则次日使用前还要重新烘干。

（8）一根焊条应尽量一次焊完，避免焊缝接头过多而降低质量。焊条头有药皮的部分长度一般应小于 20 mm，以免浪费焊条。

（9）为确保产品质量，新购进的焊条应按标准进行质量检验。

2. 焊条的储存

（1）焊条必须在干燥、通风良好的室内仓库中存放。在焊条储存库内不允许放置有害气体和腐蚀性介质。室内应保持清洁，应设有温度计、湿度计和去湿机。库房的温度与湿度必须符合行业规定的要求。焊条应离地存放在架子上，离地面距离不小于 300 mm，离墙壁距离不小于 300 mm。严防焊条受潮。

（2）焊条应按种类、牌号、批次、规格、入库时间分类堆放，并应有明确标注，以便于有序管理。

（3）特种焊条储存与保管要求应高于一般性焊条。特种焊条应堆放在专用仓库或指定区域。受潮或包装损坏的焊条未经处理不准入库。

（4）一般焊条一次出库量不能超过两天的用量，对于已经出库的焊条，焊工必须按规定保管好。

（5）低氢型焊条储存库内温度应不低于 5 ℃，相对空气湿度应低于 60%。

（6）焊条在供给使用单位后至少 6 个月内可保证使用，入库的焊条应做到先入库的先使用。

（7）对于受潮、药皮变色、焊芯有锈迹的焊条，须经烘干后进行质量评定，各项性能指标满足要求方可入库，否则不准入库。

（8）对于存放期超过一年的焊条，发放前应重新进行各种性能试验，符合要求方可发放。

五、课后练习

1. 什么是焊条？它由哪几部分组成？
2. 焊条药皮原材料的作用有哪些？
3. 焊条药皮的类型有哪些？
4. 焊条按照用途不同可以分为哪几类？
5. 什么是酸性焊条？什么是碱性焊条？
6. 焊条的型号与牌号关系如何？试举例说明。
7. 焊条的烘干及保管应注意哪几点？
8. 焊条如何正确保管与储存？

课题 3
焊条电弧焊平敷焊

学习目标

1. 了解焊接电弧的构成、温度分布及焊接电源极性的选择。
2. 掌握焊条电弧焊平敷焊的操作方法。
3. 能进行平敷焊，达到质量要求。
4. 能进行焊缝质量检测。

一、焊接电弧的物理基础

1. 电弧

电弧是一种加有一定电压的两电极间的气体放电现象。当气体被加热到一定温度时，产生大量带电荷的离子和电子，这样便能传导电流，即把电能转化为热能和光能。所有的电弧焊就是利用这一能量熔化金属来实现焊接的。

2. 焊接电弧

焊接电弧就是在加有一定电压的两电极间或电极与焊件间的气体介质中产生的强烈而有力的放电现象。

二、焊接电弧的构成、温度分布及极性选择

1. 焊接电弧的构成及温度分布

焊接电弧由阴极区、弧柱区和阳极区三部分组成，如图 4-3-1 所示。阴极区是电弧的重要部分，电子就是从阴极发射的，阴极发射电子要消耗掉部分能量，所以阴极温度较低，占电弧总热量的 36% 左右。弧柱区主要是阳离子和自由电子的

混合物，同时也有阴离子和中性微粒，由于弧柱区是电子和离子移动最频繁的地方，因此温度最高。但大部分热量被辐射掉，并且弧柱区的液态金属停留时间短，所以该区热量占电弧总热量的 21% 左右。因此，焊接时应尽量压低电弧，使能量得到充分利用。阳极区表面受高速电子的撞击并接收大量的热能，所以阳极区热量占电弧总热量的 43% 左右。故阳极区的表面温度高于阴极区。

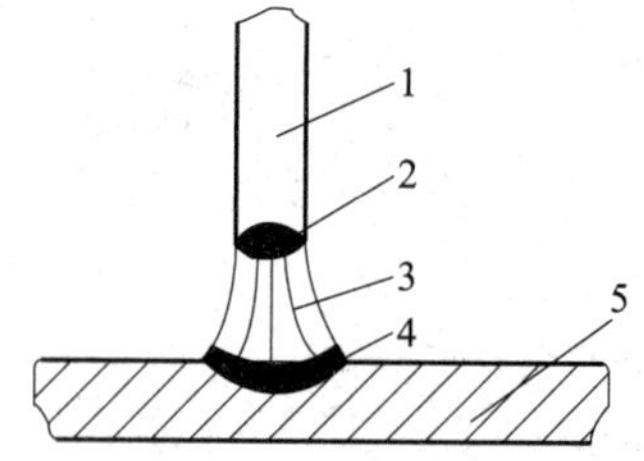

图 4-3-1　焊接电弧的构成

1—焊条　2—阴极区　3—弧柱区　4—阳极区　5—焊件

2. 焊接电源极性的选择

焊条电弧焊在使用直流弧焊电源时，焊件接电源正极称为正接法，简称正接；焊件接电源负极称为反接法，简称反接，如图 4-3-2 所示。由于阴极区和阳极区的温度不一样，可根据焊件的厚度、材料、焊条的性能来选择正接和反接，进行熔深的调节。一般情况下，较厚的焊件、合金材质或低氢型焊条要求选用直流反接。如果采用交流弧焊电源施焊，阴极和阳极是交替变换的，所以两极的温度几乎是相同的，也不存在正接和反接。

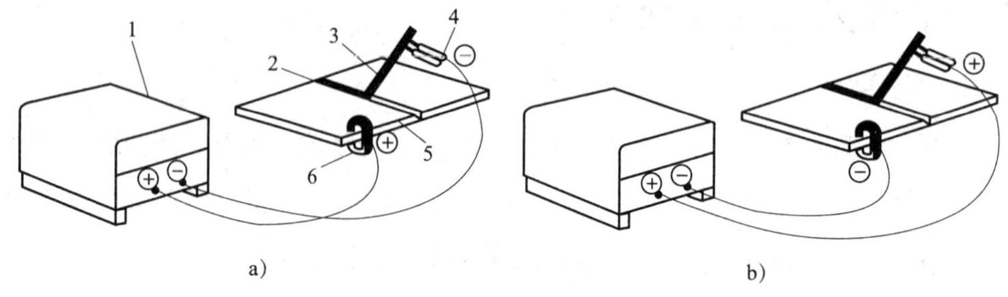

图 4-3-2　电源极性

a）正接法　b）反接法

1—焊接电源　2—焊缝金属　3—焊条　4—焊钳　5—焊件　6—地线夹

三、焊条电弧焊基本操作技术

焊条电弧焊的基本操作方法主要包括引弧法、运条法、接头法和收弧法，焊工在焊接操作过程中掌握好这四种方法是保证焊缝质量的关键。

1. 引弧法

焊条电弧焊施焊时，使焊条引燃焊接电弧的过程叫作引弧。引弧是焊条电弧焊操作中最基本的动作，如果引弧方法不当，会产生气孔、夹渣等焊接缺欠。常用的引弧方法有划擦法、直击法两种。

（1）划擦引弧法

先将焊条端部对准焊件，然后像划火柴一样将焊条在焊件表面划擦，引燃电弧后立即提起焊条，保持电弧在 2 ~ 3 mm 的高度，此时电弧能稳定地燃烧。划擦引弧法如图 4-3-3a 所示。

（2）直击引弧法

先将焊条垂直对准焊件，然后用焊条撞击焊件，当出现弧光后，迅速提起焊条并保持 2 ~ 3 mm 的距离，使产生的电弧稳定燃烧。直击引弧法如图 4-3-3b 所示。

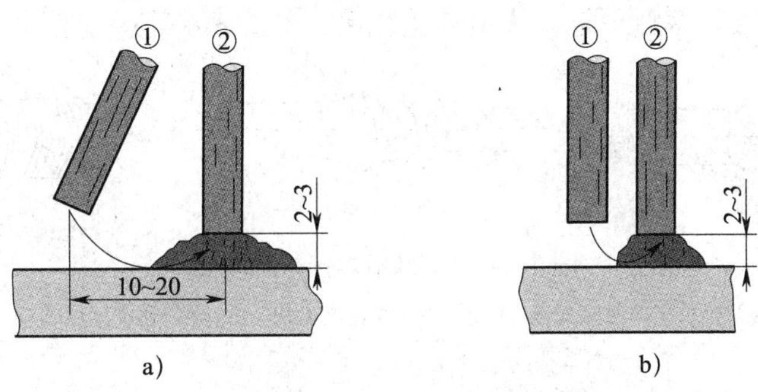

图 4-3-3　引弧方法

a）划擦引弧法　b）直击引弧法

2. 运条法

焊接过程中，焊条相对焊缝所做的各种动作的总称叫作运条。在正常焊接时，焊条一般有三个基本运动同时进行，即焊条沿轴线向熔池送进，焊条沿焊接方向向前移动，焊条横向摆动，这三个动作组成焊条有规律的运动，如图 4-3-4 所示。

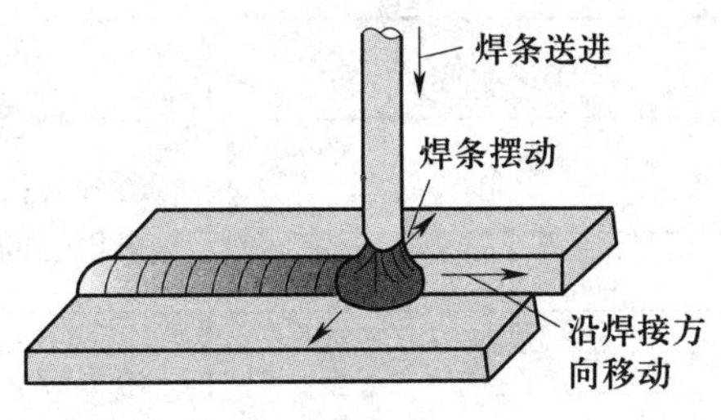

图 4-3-4　运条的三个基本运动

（1）焊条沿轴线向熔池送进

焊条沿轴线向熔池送进，主要用来维持所要求的电弧长度及向熔池填充金属。

焊条送进的速度应与焊条熔化速度相等，如果焊条送进速度比焊条熔化速度慢，弧长增加；如果焊条送进速度太快，则电弧长度迅速缩短，使焊条与焊件接触，造成短路，从而影响焊接过程的顺利进行。

（2）焊条沿焊接方向移动

焊条沿焊接方向移动的目的是控制焊道成形，若焊条移动速度太慢，则焊道会过高、过宽，外形不整齐，如图 4-3-5a 所示。焊接薄板时甚至会发生烧穿等缺欠。若焊条移动速度太快，则焊条和焊件熔化不均匀，造成焊道较窄，甚至发生未焊透等缺欠，如图 4-3-5b 所示。只有焊条移动速度适中时才能焊成表面平整、焊波细致而均匀的焊缝，如图 4-3-5c 所示。焊条沿焊接方向移动的速度由焊接电流、焊条直径、焊件厚度、装配间隙、焊缝位置和接头形式来决定。

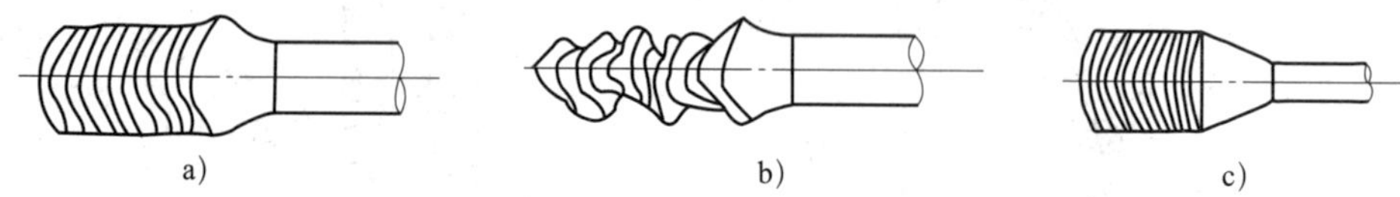

图 4-3-5　焊条沿焊接方向移动

a）焊条移动速度太慢　b）焊条移动速度太快　c）焊条移动速度适中

（3）焊条横向摆动

焊条横向摆动主要是为了获得一定宽度的焊缝，也可保证焊件有足够的热输入，便于排渣、排气等。其摆动范围与焊件厚度、接头形式、坡口形式、焊道层次和焊条直径有关，摆动的范围越宽，得到的焊缝越宽。

为了控制好熔池温度，使焊缝具有一定宽度、高度和良好的熔合过渡边缘，焊条的运条可采用多种方法，常用的运条方法及适用范围见表 4-3-1。

表 4-3-1　常用的运条方法及适用范围

运条方法	运条示意图	适用范围
直线形运条法		薄板对接平焊 多层焊的第一层焊道及多层多道焊
直线往返运条法		薄板焊 对接平焊（间隙较大）
锯齿形运条法		对接接头平焊、立焊、仰焊 角接接头立焊

续表

运条方法		运条示意图	适用范围
月牙形运条法			管的焊接 对接接头平焊、立焊、仰焊 角接接头立焊
三角形运条法	斜三角形		角接接头仰焊 开 V 形坡口对接接头横焊
	正三角形		角接接头立焊 对接接头立焊
圆圈形运条法	斜圆圈形		角接接头平焊、仰焊 对接接头横焊
	正圆圈形		对接接头厚板平焊
8 字形运条法			对接接头厚板平焊

（4）焊条角度

焊接时，焊件表面与焊条所形成的夹角称为焊条角度。焊条角度应根据焊接位置、焊件厚度、工作环境、熔池温度等参数来选择，如图 4 3 6 所示。

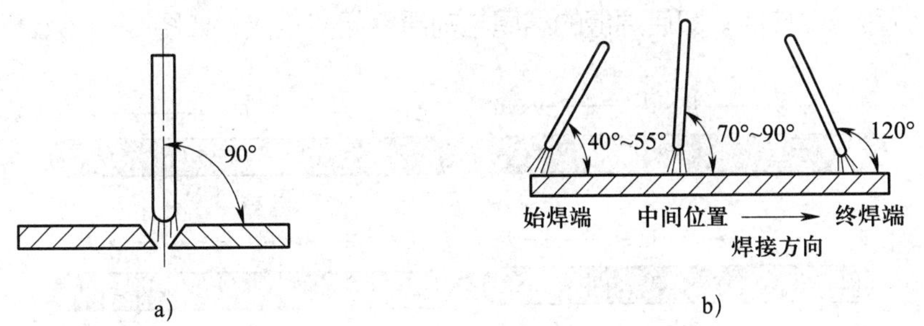

图 4–3–6　焊条角度

（5）运条时的注意事项

1）焊条的直线移动、停留、横向摆动和送进这四个动作在操作时要频次均匀，有规律，应根据焊接位置、接头形式、焊条直径与性能、焊接电流大小以及技术熟练程度等因素来掌握。

2）焊条运动至焊缝两侧时应稍做停顿，同时压短电弧。

3）对于碱性焊条应选用短弧焊进行操作。

4）焊条在直线移动时，应匀速运动，不能时快时慢。

5）运条方法的选择应在实习教师的指导下，根据具体情况因人而定。

3. 接头法

（1）焊缝连接方法

进行焊条电弧焊时，因受焊条长度的限制或操作姿势、焊接位置和焊缝长度等因素的影响，有时不可能用一根焊条焊完一条焊缝，因而出现了焊缝前后两段的连接。焊缝连接方法可分为热接法和冷接法两种。

1）热接法。当弧坑还处在红热状态时，在弧坑前方 10 ~ 15 mm 处引弧，并焊至收弧处，然后将焊条向坡口根部顶一下，停顿时间一定要适当，若过长，易使焊件背面产生焊瘤；若过短，则不易接好接头。

2）冷接法。当弧坑已冷却时，用砂轮或錾子对已焊的焊缝收弧处打磨一个 10 ~ 15 mm 斜坡，在坡上引弧。当焊至斜坡最低处时，将焊条向坡口根部顶一下，后面的操作方法与热接法相同。

（2）焊缝的接头方式

1）中间接头。即后焊缝的起头与前焊缝结尾相接，如图 4-3-7a 所示。

2）相背接头。即后焊缝的起头与前焊缝起头相接，如图 4-3-7b 所示。

3）相向接头。即后焊缝的结尾与前焊缝结尾相接，如图 4-3-7c 所示。

4）分段退焊接头。即后焊缝的结尾与前焊缝起头相接，如图 4-3-7d 所示。

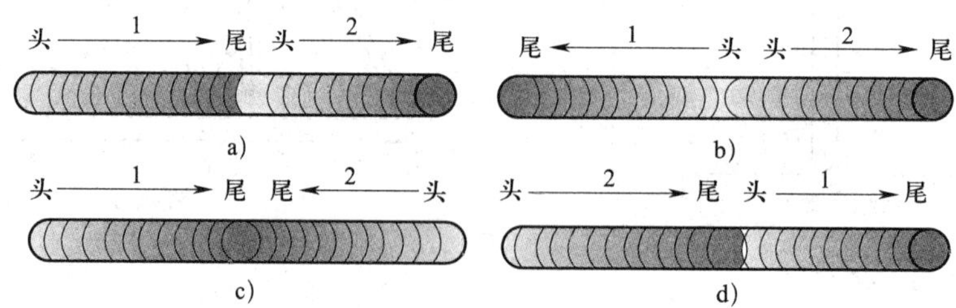

图 4-3-7　焊缝的接头方式

a）中间接头　b）相背接头　c）相向接头　d）分段退焊接头

1—前焊缝　2—后焊缝

（3）焊缝连接注意事项

1）焊缝用热接法接头时，应在弧坑前 10 ~ 15 mm 处任意一待焊面上进行引弧，然后迅速回移至弧坑处划圈进行正常焊接，如图 4-3-8 所示。

2）焊缝用冷接法接头时，应对前一道焊缝端部（即弧坑处）进行认真的清理，必要时可对弧坑处进行修整，清除夹渣，这样有利于保证焊缝接头的质量。

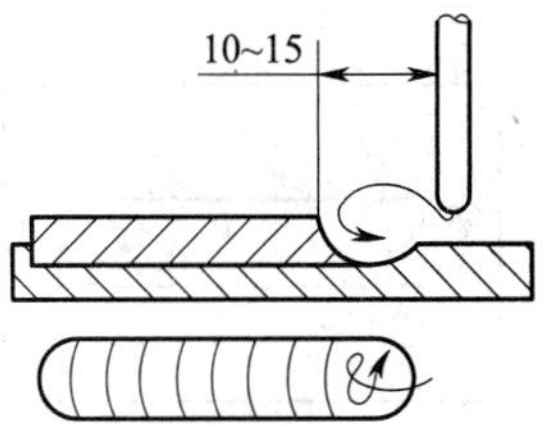

图 4–3–8　焊缝接头引弧处

3）熔池温度越高，接头越平整。对于中间接头的焊缝，接头动作要快，操作方法如图 4-3-9a 所示；对于相背接头的焊缝，接头处应先拉长电弧再压低电弧，操作方法如图 4-3-9b 所示；对于相向接头、分段退焊接头的焊缝应压低电弧，采用多次直击法加划圆圈法连接，操作方法如图 4-3-9c 所示。

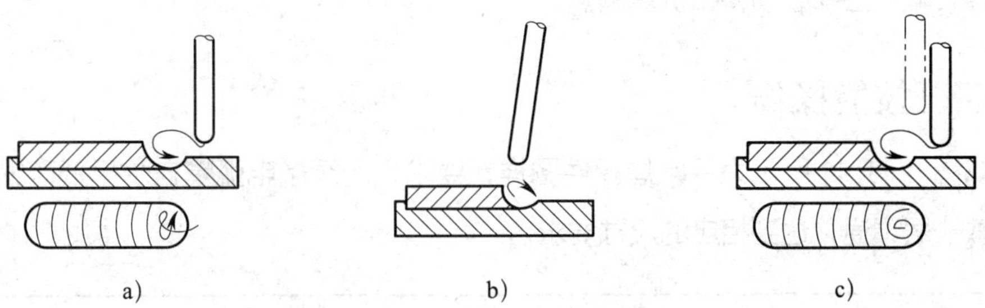

图 4–3–9　焊缝接头操作方法

a）中间接头　b）相背接头　c）相向接头、分段退焊接头

4. 收弧法

焊接时电弧中断和焊接结束时都要收弧，收弧工作做不好都会产生弧坑，还出现疏松、裂纹、气孔、夹渣等现象，为了避免这些现象，就必须采用正确的收弧方法，因此，收弧是焊接过程中的关键动作，收弧方式很多，总体上可分为连弧收弧法和反复断弧收弧法两种。

（1）连弧收弧法

连弧收弧法包括划圈收弧法和回焊收弧法。

1）划圈收弧法。焊条移至焊缝终点时做圆圈运动，直到填满弧坑再拉断电弧。此法适用于焊接厚板时的收弧，如图 4-3-10a 所示。

2）回焊收弧法。焊条移至焊缝收弧处即停住，并且改变焊条角度回焊一小段。此法适用于碱性焊条，如图 4-3-10b 所示。

（2）反复断弧收弧法

焊条移至焊缝终点时，在弧坑处反复熄弧、引弧数次，直到填满弧坑为止。此法一般适用于薄板和大电流焊接，不适用于碱性焊条，如图 4-3-10c 所示。

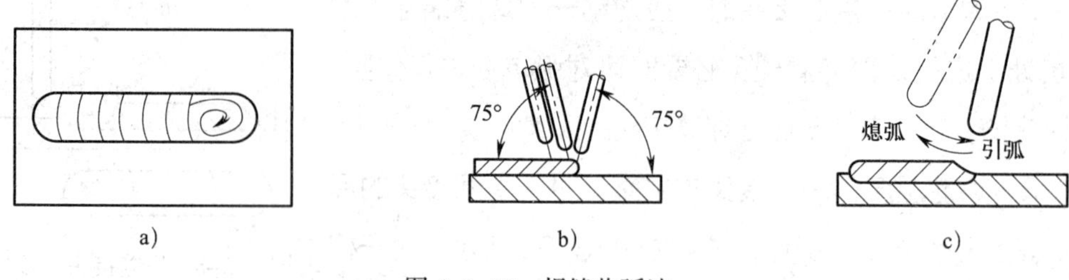

图 4-3-10　焊缝收弧法

a）划圈收弧法　b）回焊收弧法　c）反复断弧收弧法

收弧方法还应根据实际情况来确定，可单项使用，也可多项结合使用。无论选用哪种收弧方法都必须将弧坑填满。

四、技能操作

如图 4-3-11 所示为平敷焊焊件图样，要求采用焊条电弧焊在水平低碳钢钢板上堆敷一层焊道，达到相应的尺寸要求。

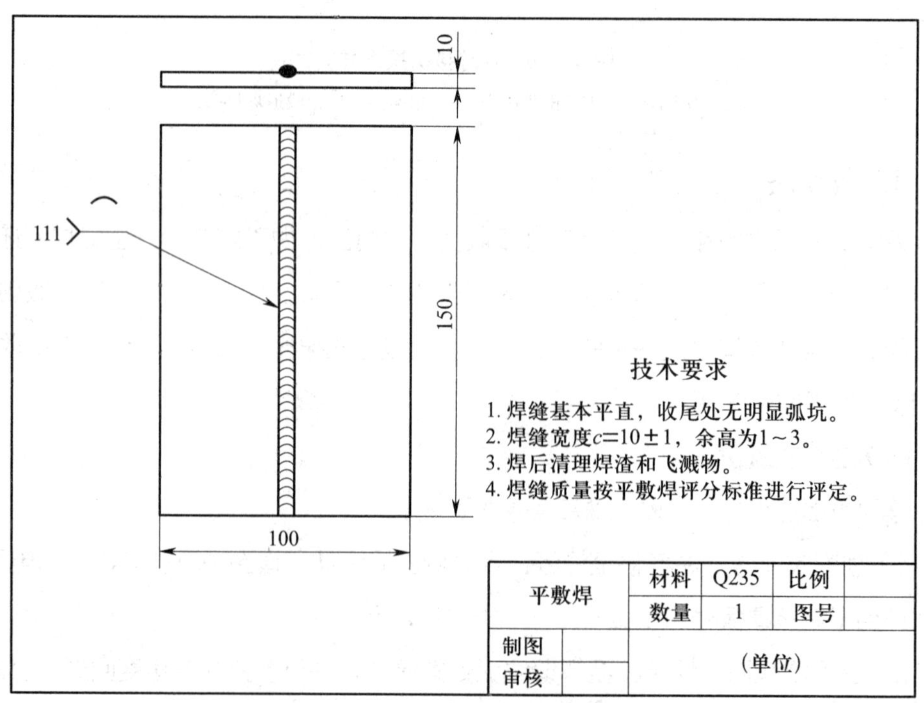

图 4-3-11　平敷焊焊件图样

1. 图样分析

分析图样可知，本课题要求采用焊条电弧焊进行焊接，焊件材料为 Q235

钢，焊后要求焊缝平直，焊缝宽度为（10±1）mm，焊缝余高大于1 mm且小于3 mm，焊后清理焊渣和飞溅物。

2. 焊前准备

（1）准备焊接设备

根据现有条件选择焊接设备，本课题选用 ZX7-400 型直流弧焊机。

（2）准备辅助工具

准备錾子、钢丝刷、尖嘴钳、焊接防护面罩等。

（3）准备画线工具及量具

准备钢直尺、石笔、焊接检验尺、游标卡尺等。

（4）准备焊件

焊件材料为 Q235 钢，尺寸为 100 mm×150 mm×10 mm。用钢丝刷将焊件表面污物和氧化皮稍做清理，使待焊处露出金属光泽，在钢板上用石笔画一条线，作为焊接时的运条轨迹线。

（5）准备焊接材料

选用 E5015（J507）型焊条，直径为 3.2 mm。

3. 选择焊接参数

平敷焊焊接参数见表 4-3-2。

表 4-3-2　平敷焊焊接参数

焊道层次	焊条直径 /mm	焊接电流 /A	电弧（短弧 / 长弧）	电源极性
表面焊缝	3.2	120 ~ 140	短弧	直流反接

4. 焊接操作步骤

（1）做好劳动保护工作

操作者穿戴好焊接防护用品，包括工作服、焊工防护手套、安全防护鞋、安全帽等。

（2）设备的检查与调试

焊机通电前，先检查焊机电源线是否有脱落或老化开裂现象，其次检查焊机二次侧电源线安装是否牢固可靠，确保设备安全可靠。

（3）焊件的放置

将焊件置于平焊位置，自行调节高度，以方便操作为准。

（4）焊接参数的调节

根据表 4-3-2 所列的焊接参数接对电源极性，调节好焊接电流。

（5）引弧操作

采用直击法在距焊缝起头 10 mm 处引弧，电弧燃烧后稍拉长电弧，拉到起头处预热 2 ~ 3 s，然后适当缩短电弧开始焊接。

（6）运条

电弧引燃后，往焊接方向进行焊接，采用右向焊法，为了保证焊接质量，在焊接时应注意以下几点：

1）保持正确的焊条角度，焊条与焊件两侧的夹角为 90°，与焊接方向的夹角为 70° ~ 80°，如图 4-3-12 所示。

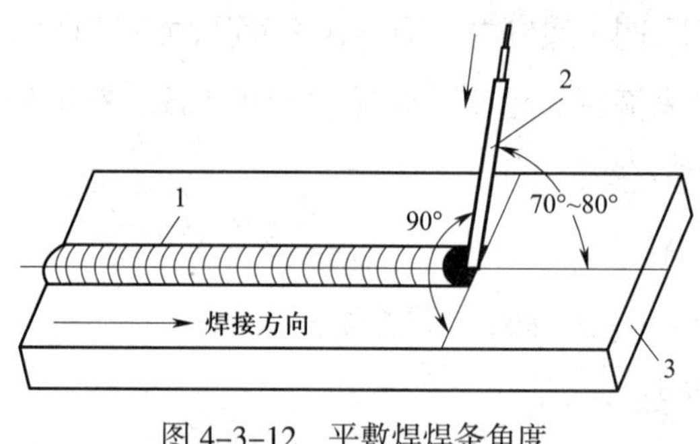

图 4-3-12　平敷焊焊条角度

1—焊缝　2—焊条　3—母材

2）采用直线运条法（如果焊缝宽度不够，也可以采用锯齿形运条法），保持均匀、稍慢的焊接速度，保证焊缝熔合良好。

3）保持较短的电弧长度（2 ~ 4 mm）进行焊接。为了保证这个电弧长度，焊条的送进速度应等于其熔化速度，否则会出现断弧或焊条粘在焊件上的现象。

（7）接头

焊缝如果需要接头，接头前应先清理弧坑的熔渣，在弧坑前 10 ~ 15 mm 处引弧，稍微拉长电弧并将其移到原弧坑的 2/3 处，压低电弧填满弧坑后，即向前正常焊接，如图 4-3-13 所示。

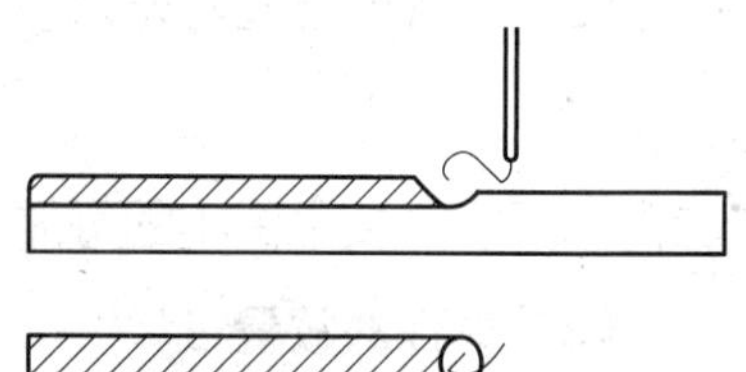

图 4-3-13　接头操作方法

（8）焊道的收尾

焊缝焊到结尾处时，采用反复断弧收弧法进行收尾（反复熄弧 2 ~ 3 次），快速给熔池 2 ~ 3 滴熔滴，填满弧坑。

（9）焊接结束

焊接结束，关闭焊机电源，将焊接电缆归位，清扫工位，擦拭焊机。

5. 焊缝质量检测

检测焊缝质量前应将焊缝表面及周边的飞溅物清理干净。按表 4-3-3 所列的平敷焊评分标准对焊缝外观质量进行检测。

表 4-3-3　平敷焊评分标准

焊件外观	检查项目	焊缝等级标准及配分				得分
		Ⅰ	Ⅱ	Ⅲ	Ⅳ	
正面	焊缝余高	0 ~ 2 mm	>2 mm，≤ 3 mm	>3 mm，≤ 4 mm	>4 mm，<0	
		15 分	12 分	10 分	0 分	
	余高差	≤ 1 mm	>1 mm，≤ 2 mm	>2 mm，≤ 3 mm	>3 mm	
		15 分	12 分	10 分	0 分	
	焊缝宽度	10 ~ 11 mm	≥ 9 mm，≤ 12 mm	≥ 8 mm，≤ 13 mm	<8 mm，>13 mm	
		15 分	12 分	10 分	0 分	
	宽度差	≤ 1.5 mm	>1.5 mm，≤ 2 mm	>2 mm，≤ 3 mm	>3 mm	
		15 分	12 分	10 分	0 分	
	咬边	0	深度≤ 0.5 mm 且长度≤ 15 mm	深度≤ 0.5 mm 且 15 mm< 长度 ≤ 30 mm	深度 >0.5 mm 或长度 >30 mm	
		15 分	12 分	10 分	0 分	
	焊缝外表成形	优	良	一般	差	
		成形美观，鱼鳞均匀、细密，高低、宽窄一致	成形较好，鱼鳞均匀，焊缝平整	成形尚可，焊缝平直	焊缝弯曲，高低、宽窄不一致，有表面焊接缺欠	
		15 分	10 分	8 分	0 分	
安全文明生产		合格 10 分；违反操作规程，视情况扣 1 ~ 10 分				

课题 4
焊条电弧焊板 V 形坡口平对接焊

学习目标

1. 掌握板平对接单面焊双面成形的焊接方法。
2. 能进行板对接单面焊双面成形焊件的装配与定位焊。
3. 能进行板对接单面焊双面成形的焊接，焊缝质量达到要求。
4. 能进行焊缝质量检测。

一、板 V 形坡口平对接焊技术

1. 板 V 形坡口焊接的特点

中厚板板厚通常为 8 ~ 20 mm，如果采用单层焊，很难焊透母材根部，因此，母材焊接前通常需要开坡口，最常用的坡口是 V 形坡口。焊接时根据板厚及坡口大小常分为多层焊或多层多道焊，焊接难度较大，容易出现根部未焊透、填充层夹渣、盖面焊坡口两侧未熔合等缺欠。

2. 板 V 形坡口平对接焊的焊接方法

板 V 形坡口的焊接根据板厚及坡口大小通常分为多层焊或多层多道焊。

（1）打底层的焊接

打底层的焊接要求单面焊双面成形，采用焊条电弧焊时，坡口间隙比 CO_2 焊要大，预留 3 ~ 4 mm 的间隙，焊接时通常采用断弧法。焊接过程中要注意观察熔池处是否出现熔孔，通过熔孔判断背面焊缝成形情况，熔孔太大时，背面焊缝容易过高；无熔孔时，背面焊缝容易未焊透，一般以熔孔尺寸单边熔化坡口棱边 0.5 ~ 1 mm 为宜，如图 4-4-1 所示。

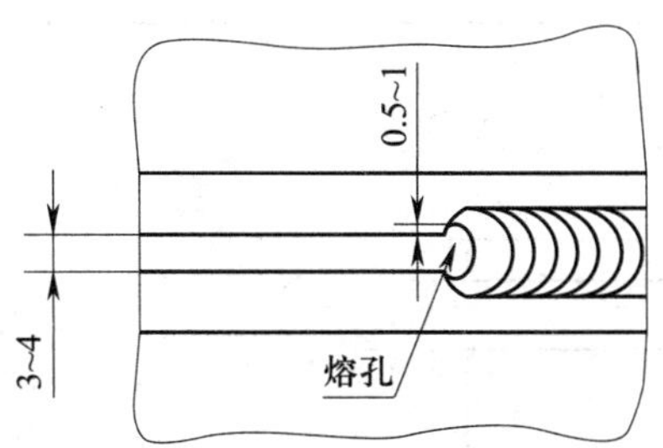

图 4–4–1　打底焊熔孔及间隙

（2）填充层的焊接

焊接填充层时，随着坡口的增大，焊条要做适当摆动，并在摆动到坡口侧时稍做停留，以使焊缝两侧熔合良好。

填充焊的层数根据坡口大小确定，每层的填充量不宜太大，无论填充几层，重要的是要保证预留合适的余量进行盖面焊，通常预留 1 ~ 2 mm 的余量进行盖面焊，如图 4-4-2a 所示；同时保证填充焊时坡口棱边不被电弧熔化，如图 4-4-2b 所示，以保证盖面焊时能清晰地看到坡口边，从而焊透坡口两侧及控制焊缝宽度一致。

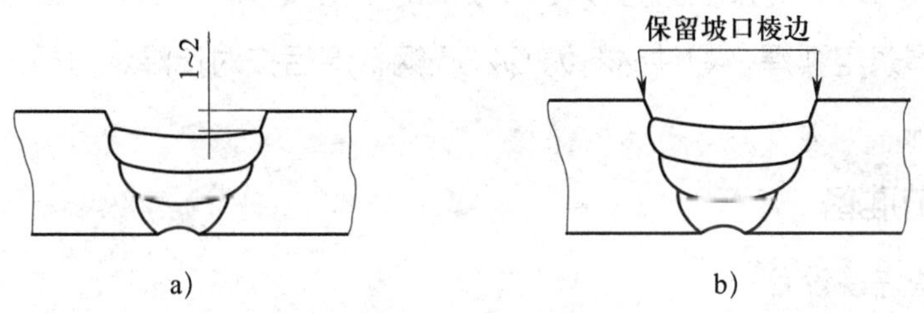

图 4–4–2　盖面焊余量与棱边

a）预留盖面焊余量　b）保留坡口棱边

（3）盖面层的焊接

盖面层焊接的难点是控制焊缝的两侧熔合和保证焊缝宽度一致。焊接时，焊条摆动幅度更大，摆到两侧稍做停留，以焊透坡口棱边，保证坡口两侧熔合良好。焊接速度根据焊缝余高情况确定。焊后应保证焊缝余高为 1 ~ 2 mm，焊缝两侧保证无咬边、未熔合、未焊透等缺欠。

二、技能操作

板 V 形坡口平对接焊焊件图样如图 4-4-3 所示。

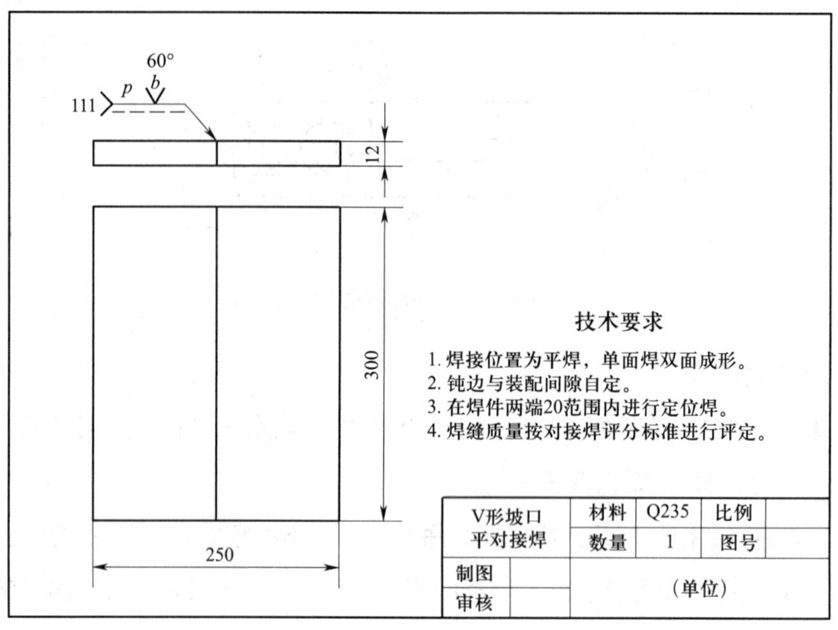

图 4-4-3　板 V 形坡口平对接焊焊件图样

1. 图样分析

分析图样可知，焊接任务为板 V 形坡口的平对接焊，要求单面焊双面成形，焊接方法采用焊条电弧焊，焊件材料为 Q235 钢，焊后按对接焊评分标准对焊缝外观质量进行检测。

2. 焊前准备

（1）准备焊接设备

根据现有条件选择焊接设备，本课题选用 ZX7-400 型直流弧焊机。

（2）准备辅助工具

准备錾子、钢丝刷、尖嘴钳、焊接防护面罩等。

（3）准备画线工具及量具

准备钢直尺、石笔、焊接检验尺、游标卡尺等。

（4）准备焊件

焊件材料为 Q235 钢，尺寸为 125 mm × 300 mm × 12 mm，2 件，用半自动火焰切割机开 30° 坡口，如图 4-4-4 所示。用角向磨光机将焊件表面污物和氧化皮清理干净，使待焊处露出金属光泽，若有变形，要进行矫正。

（5）准备焊接材料

选用 E5015 型焊条，直径为 3.2 mm。

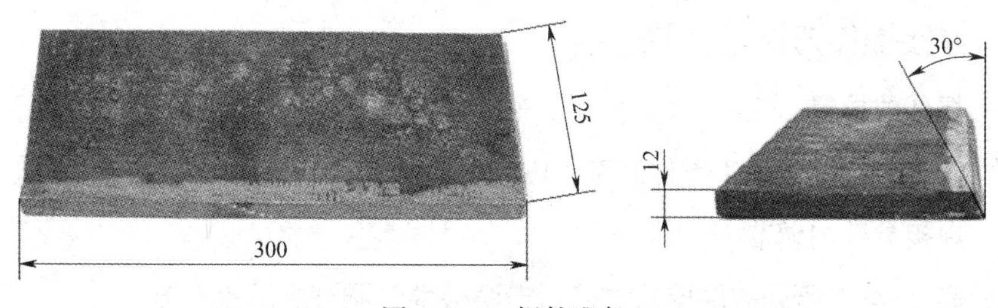

图 4-4-4　焊件准备

3. 选择焊接参数

对接焊焊接参数见表 4-4-1。

表 4-4-1　对接焊焊接参数

焊道层次	焊条直径 /mm	焊接电流 /A	电弧（短弧 / 长弧）	电源极性
打底焊	3.2	110 ~ 120	短弧	直流反接
填充焊	3.2	130 ~ 145	短弧	直流反接
盖面焊	3.2	120 ~ 135	短弧	直流反接

4. 焊件的装配与定位焊

（1）焊件的装配

焊件要求单面焊双面成形，装配时，始焊端预留 3.2 mm 的间隙，终焊端预留 4.0 mm 的间隙，以便焊透母材根部，实现背面成形，如图 4-4-5a 所示。

（2）焊件的定位焊

在焊件两端 20 mm 范围内进行定位焊，如图 4-4-5a 所示，定位焊应保证焊透和焊点平整。定位焊后，预置 3° 左右的反变形，如图 4-4-5b 所示。

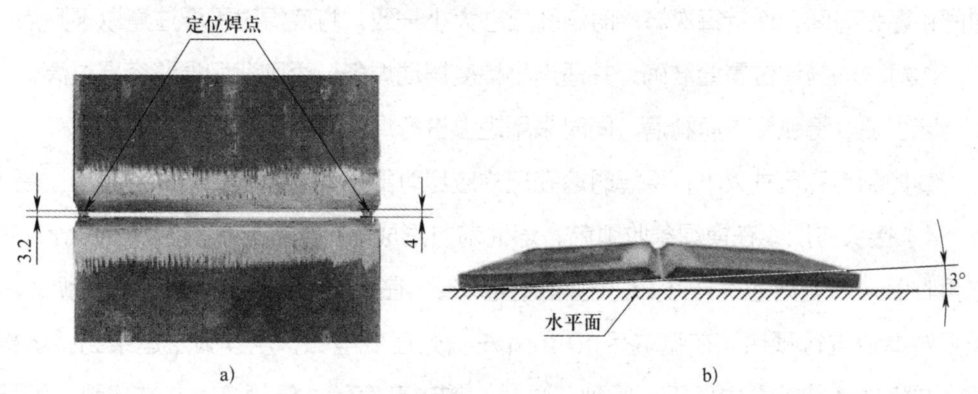

图 4-4-5　焊件的装配与定位焊

a）装配间隙及定位焊　b）预置反变形

5. 焊接操作方法与步骤

（1）焊件的放置

将焊件置于平焊位置（焊件悬空，以便于背面焊缝成形），采用右向焊法。

（2）焊接参数的调节

根据表 4-4-1 所列的焊接参数接对电源极性，调节好焊接电流。

（3）打底焊

1）打底焊焊条与焊件之间的夹角如图 4-4-6 所示，焊条前倾角为 70° ~ 80°，焊条与两板的夹角为 90°。

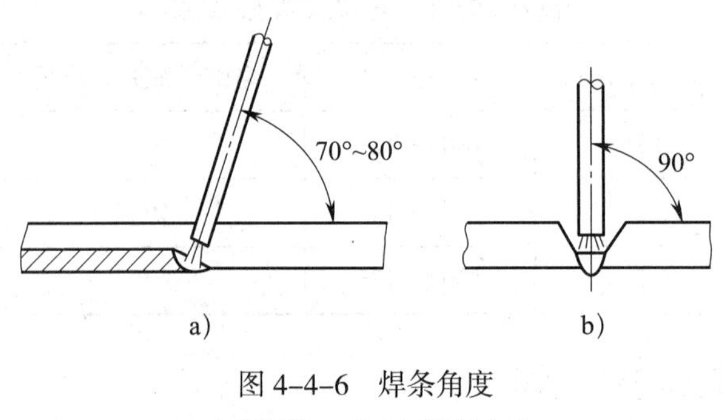

图 4-4-6　焊条角度

a）前倾角　b）与两板的夹角

2）采用断弧法焊接，依靠电弧时燃时灭的时间来控制熔池的温度和熔滴过渡。

3）焊接过程。在焊件左端定位焊缝处引弧，拉长电弧稍做停留，预热 2 ~ 3 s 后，压低电弧连弧焊至定位焊缝端头弧坑根部处，稍做停顿，待听到击穿声后熄弧，形成第一个熔孔，此时观察熔池凝固情况，当熔池 2/3 凝固、1/3 尚未凝固时，下压焊条进行焊接（时间大概为 2 s），形成熔孔后，熄弧，如此反复，控制每次的施焊时间和熄弧时间，保持每次焊接时熔孔尺寸大小一致。打底焊时需要注意以下几点：

①每次的施焊位置要准确，并适当小幅度摆动焊条，否则背面焊缝容易过高。

②引弧、熄弧要干净利落，同时采用短弧进行焊接。

③控制熔孔尺寸大小，平焊时熔孔尺寸应尽可能小些，否则背面焊缝容易过高。

4）接头方法。在换焊条收弧前，熔池前方形成一个熔孔，然后回焊 10 mm 左右再收弧，以使熔池缓慢冷却。迅速更换焊条，在弧坑后部约 20 mm 处引弧，用长弧对焊缝进行预热，在弧坑后 10 mm 左右处压低电弧，用连弧法运条到弧坑根部，并将焊条往熔孔中压下，听到“噗噗”的击穿声后，停顿 2 s 左右熄弧，即可按正常运条法进行焊接。

（4）填充焊

1）填充焊焊条角度比打底焊稍小，焊条前倾角为 60° ~ 75°，焊条与两板的夹角为 90°。

2）采用连弧法焊接，并适当进行锯齿形或月牙形摆动。

3）焊接过程。在所焊焊缝起头处 20 mm 范围内引弧，拉长电弧对端头稍微进行预热，然后压低电弧正常焊接，焊接过程采用锯齿形运条法，焊至坡口两侧时稍做停留，让其与坡口面良好熔合。填充焊时，应控制整个坡口内的焊缝比坡口边沿低 0.5 ~ 1.5 mm，最好略呈凹形，以方便进行盖面焊。填充焊时需要注意以下几点：

①焊接时，如果发现焊缝中间凸起，说明坡口两侧熔合不好，焊条摆动到坡口侧时应增加停留时间。

②采用短弧焊接，每层焊缝不宜太厚，一般以 1.5 ~ 2.5 mm 为宜。

③预留 1 ~ 2 mm 的余量进行盖面焊，并保证焊缝坡口棱边不被电弧熔化。

（5）盖面焊

清除前层焊道的焊渣，调节焊接电流，盖面焊与填充焊方法基本相同，由于盖面层焊缝比填充层焊缝宽，焊条摆动幅度稍大，摆到坡口两侧时仍然需要稍做停留，以焊透坡口两侧，焊后产生 1 ~ 2 mm 余高为宜。

6. 焊缝质量检测

焊接结束，对焊件表面进行清理，按表 4-4-2 所列对接焊评分标准对焊缝外观质量进行检测。

表 4-4-2 对接焊评分标准

焊件外观	检查项目	焊缝等级标准及配分				得分
		Ⅰ	Ⅱ	Ⅲ	Ⅳ	
正面	焊缝余高	0 ~ 2 mm	>2 mm，≤ 3 mm	>3 mm，≤ 4 mm	>4 mm，< 0	
		8 分	6 分	4 分	0 分	
	余高差	≤ 1 mm	>1 mm，≤ 2 mm	>2 mm，≤ 3 mm	>3 mm	
		5 分	3 分	1 分	0 分	
	焊缝宽度	17 ~ 18 mm	≥ 16 mm，≤ 19 mm	≥ 15 mm，≤ 20 mm	<15 mm，>20 mm	
		5 分	3 分	2 分	0 分	

续表

焊件外观	检查项目	焊缝等级标准及配分				得分
		Ⅰ	Ⅱ	Ⅲ	Ⅳ	
正面	宽度差	≤ 1 mm	>1 mm，≤ 2 mm	>2 mm，≤ 3 mm	>3 mm	
		5 分	3 分	1 分	0 分	
	咬边	无咬边	深度≤ 0.5 mm 且长度≤ 15 mm	深度≤ 0.5 mm 且 15 mm <长度≤ 30 mm	深度 >0.5 mm 或长度 >30 mm	
		10 分	每 2 mm 扣 1 分，最多扣 2 分	每 2 mm 扣 1 分，最多扣 4 分	0 分	
	错边量	0	≤ 0.7 mm	>0.7 mm，≤ 1.2 mm	>1.2 mm	
		4 分	2 分	1 分	0 分	
	角变形	0 ~ 2 mm	>2 mm，≤ 3 mm	>3 mm，≤ 5 mm	>5 mm	
		5 分	4 分	2 分	0 分	
	焊缝外表成形	优	良	一般	差	
		成形美观，鱼鳞均匀、细密，高低、宽窄一致	成形较好，鱼鳞均匀，焊缝平整	成形尚可，焊缝平直	焊缝弯曲，高低、宽窄不一致，有表面焊接缺欠	
		15 分	10 分	8 分	0 分	
背面	背面焊缝凹陷	0	>0，≤ 1 mm	>1 mm，≤ 2 mm	>2 mm，< 0	
		4 分	2 分	1 分	0 分	
	背面焊缝凸起	0 ~ 1 mm	>1 mm，≤ 2 mm	>2 mm，≤ 3 mm	>3 mm，< 0	
		4 分	3 分	2 分	0 分	
	咬边	无咬边，5 分；有咬边，0 分				
	气孔	无气孔，5 分；有气孔，0 分				
	未焊透	无未焊透，10 分；有未焊透，0 分				
	背面成形	优	良	一般	差	
		5	3	1	0	
安全文明生产		合格 10 分；违反操作规程，视情况扣 1 ~ 10 分				

世界技能大赛知识普及（4）

世界技能大赛竞赛项目（续）

3. 制造与工程技术

（1）数控铣

数控铣项目是指利用数控铣床（加工中心）对工件进行金属铣削加工的竞赛项目。比赛中对选手的技能要求主要包括：ISO 工程图样的识图能力，计算机及 CAM 软件编程（包括手工编程）的能力，三轴立式数控铣床（可含有刀库）操作技术，金属切削知识及相关刀具使用技术，运用机用平口钳进行工件定位夹紧的能力，使用相关工具完成刀具参数设定及工件坐标系设定，能够使用常用量具进行测量，具备基本铣削、钻孔、铰孔、镗孔、攻螺纹等工艺能力。

（2）数控车

数控车项目是指依据零件的技术图样，利用车削中心，选择、配置合适的工装夹具和切削刀具，设置机床和切削参数，编制数控程序，生产以回转体为主、部分铣削和钻削为辅的复杂零件的竞赛项目。比赛中对选手的技能要求主要包括：了解机械制造的质量标准和机械加工工艺；熟练掌握读图绘图技能以及基础数学计算知识；熟练掌握车削中心的操作技能；能使用数控系统编制和设置相关参数；能够使用 CAD/CAM 软件建模和自动编程；正确选择和使用切削刀具，并能够根据切削条件选择合适的切削参数；能够正确使用工装夹具及相关工具；能够根据被测要素的特点，合理选用测量工具并对产品进行准确测量。

（3）建筑金属构造

建筑金属构造项目是指按照图样要求的结构形式、材料类型、尺寸精度和相应的标准，进行金属构件加工与制作，钢结构、船舶和组件的装配及安装的竞赛项目。比赛中对选手的技能要求主要包括：识图、放样、切割下料、成形、装配、焊接、调整、检查、标注等。

（4）电子技术

电子技术项目是指运用电子元器件设计和制造某种特定功能的电路或编制某种功能要求的程序代码以解决实际问题的竞赛项目。比赛中对选手的技能要求主要包括：电路原理设计、PCB 设计、线路板安装与调试、嵌入式系统程序设计、电路故障查找与维修等；了解模拟、数字、高频、嵌入式系统等电路相关的工作原理和参数；熟练掌握电子 EDA 软件操作、C 语言程序代码编制、各类电子仪器仪表及工具使用、电路板装调及 ESD、过程数据记录及分析等技能。

（5）工业控制

工业控制项目是指根据一个（或部分）工业流程做出的模拟解决方案，进行电气设备和工业自动化元件的安装，以及程序设计与调试的竞赛项目。比赛中对选手的技能要求主要包括：进行电气及自动化设备的安装与测试，搭建工业控制中心；编写控制程序，配置人机界面并完成系统调试；为电气及自动化设备设计控制原理图并设置参数；利用工具和仪表诊断电气及自动化设备中出现的故障并进行定位和分类。

（6）工业机械装调

工业机械装调项目是指对设备中的零部件进行加工、制作和安装，并对工业机械、机械设备、自动化和机器人系统进行改进、维护、检修和故障排除的竞赛项目。比赛中对选手的技能要求主要包括：设计工业机械系统，按照图样要求完成零部件的加工和结构件的焊接；能够进行设备的安装、调试、检测，机械驱动的设计、装配、调试、检测，气动自动控制系统的设计、安装、调试及故障检测和排除（本项目从第 45 届起改名为工业机械）。

（7）制造团队挑战赛

制造团队挑战赛项目是指进行设备组件的设计与制作的竞赛项目。比赛中对选手的技能要求主要包括：具备设计知识，了解建模技术原理，掌握制图技术；具备机加工能力，按照图样要求完成设备组件加工；掌握钣金技术，完成金属板的加工；了解电子工程知识，设计控制电路，完成电子设备的运行；掌握焊接技术并能进行焊接设备及工件装配。

（8）CAD 机械设计

CAD 机械设计项目是指使用 CAD 软件、三维打印机、三维扫描仪及手工测量工具，完成产品的建模设计、工程制图、工艺方案设计、逆向建模与手工测绘图、三维动画设计与产品渲染等任务的竞赛项目。比赛中对选手的技能要求主要包括：使用 CAD 软件进行产品设计；熟悉机械产品的设计规范、国际最新 ISO 制图标准，以及产品的数字化定义标准；能够熟练操作三维打印机和三维扫描仪；具备工程材料及其加工工艺知识。

（9）机电一体化

机电一体化项目是指按项目要求完成设计、组装、编程、调试及优化一条自动化生产线的竞赛项目。比赛中对选手的技能要求主要包括：工作的组织与管理；电路、气路设计及选型；机电一体化系统机构组装、调整、测试；电路系统组装，电路连接及测试；气路系统安装及连接；控制系统设置、组网、编程、监控、仿真、调试运行；机电一体化系统故障查找和快速处理，以及系统指标优化等。

（10）移动机器人

移动机器人项目是指运用相关的理论知识，结合实践操作经验，围绕机器人的机械和控制系统进行工作的竞赛项目。比赛中对选手的技能要求主要包括：能够设计、生产、装配、组建、编程、管理和保养机器人内部的机械、电路、控制系统；安装、操作机器人的控制系统；测试机器人各部件和整体性能，确保其符合行业标准。

（11）塑料模具工程

塑料模具工程项目是指依据项目技术要求，按照塑料产品的 2D 工程图或 3D 模型设计和制作注塑模具，并制作成塑料产品的竞赛项目。比赛中对选手的技能要求主要包括：掌握机械设计和机械制造的知识和技术，完成产品建模、模具设计，编制数控加工程序；使用加工中心对钢件进行加工，形成模具零件；使用手工或电动工具对模具零件进行抛光打磨；完成模具的装配与调试；在注塑机上实现塑料零件的生产。

（12）综合机械与自动化

综合机械与自动化项目是指使用普通机床加工各种零部件，将零部件装配成相应的机构或装置，同时完成电路安装、气动连接和 PLC 控制，实现机构或装置自动化运行的竞赛项目。比赛中对选手的技能要求主要包括：掌握机械工程与制造工艺、通用机床操作技能、液压与气动技术、电气安装与控制技术、机械装调与维修技能、PLC 编程与自动化控制技术，严格遵守安全与健康操作规程，完成设备的检修排查、故障诊断等，能够纠正工厂生产线存在的问题。

（13）原型制作

原型制作项目是指根据给定的原型设计图样，使用三维 CAD 软件进行原型三维建模和局部自由设计，并生成工程图；按照工程图的要求使用指定的材料，运用普通车削、普通铣削、数控铣削、3D 打印、手工等工艺方法制作模型，并对模型进行表面处理和喷涂装饰的竞赛项目。比赛中对选手的技能要求主要包括：工作的组织及管理能力、制图能力、原型设计能力、原型制作能力、原型喷漆和装饰能力。

（14）焊接

焊接项目是指按照图样要求将零部件进行组装，并使用规定的方法进行焊接操作的竞赛项目。比赛中对选手的技能要求主要包括：使用焊条电弧焊、实心焊丝混合气体（$Ar+CO_2$）保护焊、药芯焊丝混合气体（$Ar+CO_2$）保护焊、钨极氩弧焊进行焊接操作，理解并掌握各类焊接材料的力学性能和化学性能。

（15）水处理技术

水处理技术项目是指对生活或工业供水和废水处理系统进行管理、监控和维护的竞赛项目。比赛中对选手的技能要求主要包括：观察、识别、维护、控制、维修供水和废水处理系统的设备，并拟订相应的计划和报告；掌握力学、化学、生物、电气、自动化和环境保护方面的知识；能够根据技术文件和竞赛规则，以及相关法律要求独立开展工作，在遵守安全、健康和环境保护规则的前提下，采取措施确保工作质量。

（16）化学实验室技术

化学实验室技术项目是指在相关行业的质量控制部门、研究和开发部门、环境保护部门的化学实验室进行产品质量检验、一般性化学物质的合成与处置的竞赛项目。比赛中对选手的知识与技能要求主要包括：掌握无机化学、有机化学、分析化学及物理化学的基础理论知识；能够在化学类实验中根据工作任务独立制定实验方案，利用化学分析、仪器分析技术对产品进行分析并形成分析结果报告；合成有机化合物并处置与表征；在遵守安全、健康和环境保护规则的前提下，对实验室进行有效的组织与管理，确保工作质量。

4. 信息与通信技术

（1）信息网络布线

信息网络布线项目是指利用以太网技术、局域网技术和办公室及家庭网络技术，进行网络综合布线的竞赛项目。比赛中对选手的技能要求主要包括：根据布线和端接等技术标准，完成光缆、铜缆、19 寸电缆架和信息点，以及终端设备的安装；测试光缆和铜缆的性能；排除光缆和铜缆的故障；安装、调试无线网络、智能家居和网络应用等。

（2）网络系统管理

网络系统管理项目是指设计复杂的网络系统，搭建安全可靠的数据传输网络，搭建操作系统及服务平台并对其进行管理和运行维护等操作的竞赛项目。比赛中对选手的技能要求主要包括：进行新网络系统的设计、安装和配置，确保商业云计算平台服务的连续性；处理 IT 系统的崩溃问题，并进行故障排除。

（3）商务软件解决方案

商务软件解决方案项目是指使用软件开发工具开发商务软件解决方案，以支持商业营运及管理的竞赛项目。比赛要求选手使用提供的软件开发平台、数据库管理工具，按照比赛要求完成软件需求分析和设计、桌面端软件开发、移动端软件开发、文档编写及PPT制作和汇报等任务。比赛中对选手的技能要求主要包括：工作组织和管理、沟通技巧和人际关系的建立、问题解决、创新和创造能力、分析和设计软件解决方案、开发软件解决方案等。

（4）印刷媒体技术

印刷媒体技术项目是指用单张纸胶印机和数字印刷机及其他辅助设备、仪器以及相关材料，按国际、行业质量标准进行印刷品前期制作、印刷及印后加工，以获得合格印刷品的竞赛项目。比赛中对选手的技能要求主要包括：了解色彩理论、印刷机械结构知识；掌握印刷材料特性和印刷工艺；熟练操作各类胶印和数字印刷软件、印刷机、测量仪器；能够对印刷机进行日常维护保养及故障排除。

（5）网站设计与开发

网站设计与开发项目是指选手利用网站设计和开发相关技术，完成包括前端脚本模块、后端应用模块、内容管理系统模块、竞速模块在内的Web全栈开发的竞赛项目。比赛中对选手的技能要求主要包括：进行网页设计，制作前端交互动画，通过限定框架进行前端交互以及后端功能的开发，纯手工代码开发，遵守易用性和可访问性标准，注重最终产品与主流浏览器和软硬件的兼容性等。

（6）网络安全

网络安全项目是指按照相关规范和标准要求对信息系统安全性进行检查、分析和评估，发现系统存在的安全隐患，并采取措施降低系统面临的安全风险，保障系统安全、稳定运行的竞赛项目。比赛中对选手的技能要求主要包括：各类软硬件设备的安全部署和配置，系统安全漏洞的检测、监控和修复，网络安全事件的应急响应、调查取证和系统恢复，新安全技术的跟踪、学习和应用。世界技能大赛网络安全项目比赛的赛程为 4 天，共设置 3 个模块，分别是基础设置和安全强化模块，网络安全事件响应、数字取证调查和应用程序安全模块，夺旗行动（CTF）挑战模块。

（7）云计算

云计算项目是指在公共云环境中设计并实现信息技术基础架构的竞赛项目。该竞赛项目的考核内容主要有公共云环境创建、公共云业务部署、公共云综合运维。比赛中对选手的技能要求主要包括：依据设计图样配置系统网络连接，依据信息系统结构考核公共云平台资源的创建和删除，公共云服务的使用，根据需求在公共云资源上部署对应的应用并进行运维和故障排查等。比赛中要求选手对竞赛现场环境的云计算项目需求进行分析、设计、部署、测试、监控，满足竞赛项目应用的高性能、高可用、安全性、降低成本等要求。

5．创意艺术与时尚

（1）时装技术

时装技术项目是指运用时装设计、制版、制作、材料、色彩和装饰等方面的专业知识，按照要求完成时装的设计、制版、裁剪、缝制和装饰等工作的竞赛项目。比赛中对选手的技能要求主要包括：根据服装面料、特定市场和流行趋势进行服装设计；完成系列款式设计图；依据技术图进行制版；依据图样完成立体裁剪；依据试题内容完成大衣的设计、制版、制作及熨烫；熟悉各种服饰材料的性能；熟练运用手工缝制和装饰技术完成服装制作；熟练使用专业设备。

（2）花艺

花艺项目是指根据花艺设计的构图、色彩理论、设计理念和技艺，合理选择并运用植物以及植物器官（花、叶、果、枝等）和装饰材料，正确使用工具对植物进行再加工和养护，设计及制作花艺作品的竞赛项目。比赛中对选手的技能要求主要包括：空间构成能力、色彩运用能力、创意能力和精湛的材料运用能力。4 天比赛时间一般需在规定时限内按照试题要求完成 8 ~ 9 个花艺作品，其中包括不少于 4 个神秘模块。

（3）平面设计技术

平面设计技术项目是指在规定时间内完成广告和展示设计、编辑设计和新媒体、企业和信息设计、包装设计 4 个竞赛模块的创意艺术与时尚类竞赛项目。比赛中对选手的技能要求主要包括：了解客户的需求并为客户提供解决问题的独特设计方案；熟练操作平面设计相关软件；掌握设计文件输出制作规范和在线出版生产技术；能应用广告创意技巧进行图形设计、字体设计、出版物设计、企业形象设计、包装设计、交互信息设计等。

（4）珠宝加工

珠宝加工项目是指使用贵金属为不同的客户制作独一无二、美丽和持久的珠宝的竞赛项目。比赛中对选手的技能要求主要包括：完成珠宝 3 组件的加工和 1 组件的设计，组装成品珠宝；解读组件或珠宝首饰图样；按照指定要求创作部分组件；了解贵金属型材的制作，了解其含量及性质；懂得常见的设计特征；根据要求对金属型材进行切、锯和塑形；制作珠宝部件，会用焊接技术连接珠宝小件。

（5）商品展示技术

商品展示技术项目是指在规定的时间内，根据商家特殊要求或指定的客户、产品概要信息，做好时间管理计划，利用所提供的商品、材料和工具，基于 WSSS 标准和行业标准，通过市场调研、方案设计、道具制作等一系列特定的设计实施和技能展示，自行完成一个完整的商品橱窗设计和商品陈列，并使用照明和空间原理，运用视觉手段将产品的特性融入橱窗创意，直接与目标客户进行营销传达、沟通，以提高商品吸引力和客户满意度，实现商品销售最大化的竞赛项目。比赛中对选手的技能要求主要包括：工作程序组织和自我管理，沟通和人际关系的技巧，解决问题、创新和创造力，元素概念的理解能力，目标市场和客户群体的定位，时尚潮流与趋势的探索，娴熟的设计技能和实施能力，以及对空间、细节、完美度的把控等。

（6）3D 数字游戏艺术

3D 数字游戏艺术项目是指按照游戏设计生产流程，在规定的时限内和高压的状态下完成概念设计、3D 建模、展 UV 与绘制贴图、绑定动画与引擎输出 4 个竞赛模块的操作的竞赛项目。

6．社会与个人服务

（1）烘焙

烘焙项目是指制作各种烘焙产品并将其投入市场以备商用，制作精致的装饰面包以供展示的竞赛项目。比赛中对选手的技能要求主要包括：制作各种各样的烘焙产品；利用自身技能制作精致的装饰面包；根据原料质量、食品卫生及安全等要求制作产品；调整配方并适应环境变化；工作效率高；用料节俭；艺术创新和创造力等。

（2）美容

美容项目是指综合运用面部皮肤护理、身体护理、化妆、美甲、美睫、脱毛等方面的专业知识和技能，根据比赛要求和顾客实际情况，完成顾客面部和身体护理及外在形象设计和修饰的竞赛项目。比赛中对选手的技能要求主要包括：具备良好的职业形象，全面系统的医学、化妆品学、电学、美学、设计学等专业知识，掌握精湛的美容、美体、美甲、化妆、美睫等专业技能，具有强烈的服务意识、真诚的服务态度及服务能力等综合素质。

（3）糖艺 / 西点制作

糖艺 / 西点制作项目是指运用艺术才能和美食禀赋，在规定的时限和预算内，为不同场合制作精美绝伦、口味出众的高质量糖艺作品、糕点与甜品的竞赛项目。竞赛赛程为 4 天，共有四个模块。模块一是糖艺展示作品；模块二是庆典蛋糕制作；模块三是巧克力糖果制作；模块四是甜点制作，此模块属于神秘模块，考验选手的临场技能发挥。比赛中对选手的技能要求主要包括：环保节约、有序计划、卫生安全意识；理解不同原材料的特性并通过正确的方法加工原材料；理解食材的色彩搭配、口味组合和质地协调；用不同材料制作糖果、巧克力和糕点，并对其进行装饰。

（4）烹饪（西餐）

烹饪（西餐）项目是指选手在 16 h 内准备 4 道 16 份高质量菜品，包括汤、主菜、甜点；依据商业厨房规则，考核订购、储存、准备、加工食材和展示菜品能力的竞赛项目。赛前最后时刻揭晓主要神秘食材和举办国食材是项目的最大难点和亮点。

（5）美发

美发项目是指对男士和女士头发进行剪发、烫发、染发、接发、造型及男士胡须设计处理和养护等操作，以表现客人外形和个性的竞赛项目。比赛中对选手的技能要求主要包括：具有丰富的美发相关理论知识，在工作组织管理、健康安全及客户沟通等方面体现良好的职业素养，运用娴熟的专业技术完成要求很高的剪发、染色、造型等操作；正确选择和使用化学品，根据要求进行特殊头发护理；具备较好的摄影能力和审美能力。

（6）健康和社会照护

健康和社会照护项目是指为顾客、患者提供符合健康需要的身体和心理照护及家庭和社会的支持，促进个人的疾病康复，加强自我健康管理，以获得高质量生活的技术竞赛项目。比赛中对选手的技能要求主要包括：具备评估和发现问题及需求、做好照护计划的能力，掌握多种疾病和健康相关知识及诊疗照护技术和方法；与顾客良好且有效地沟通，教育患者及家庭改变生活方式、加强自我管理，以及如何传递人文关怀、合理利用资源，促进康复和健康生活的管理能力。比赛以真实案例和任务为基础，演员扮演的标准病人为配合，充分体现沟通和动手能力，需要选手充满关爱，灵活创新，融入实战场景中，展示健康和社会照护的精髓。

（7）餐厅服务

餐厅服务项目是指考核选手对客礼仪，推销技巧，桌前菜肴制作，酒水及咖啡制作，以及各种西餐形式服务的竞赛项目。比赛中对选手的技能要求主要包括：具备广泛的国际餐饮知识；掌握一套完整的服务总规则；沉着、机智，良好的仪容仪表及行为举止，能与客人进行良好互动；灵活服务，根据不同场合提供适宜的服务；遵循职业健康与安全规范、最低浪费及环保操作的有关规范。

（8）酒店接待

酒店接待项目是旅游服务业的一项竞赛项目，是酒店关键的形象窗口，更是一门对客接待服务艺术。比赛中对选手的技能要求主要包括：职业形象、礼仪修养、沟通表达艺术、宾客公共关系、销售技巧、英语书面和口语表达、旅游文化知识、解决突发事件的能力、计算机互联网应用、收银知识、预定程序、接待问询、入住退房等业务知识和技能的熟练应用。